U0176648

黄土高原"植物—民居"生态共生机理与协同营造方法研究

菅文娜 著

中国建筑工业出版社

图书在版编目（CIP）数据

黄土高原"植物—民居"生态共生机理与协同营
造方法研究 / 菅文娜著. — 北京：中国建筑工业出版社，
2021.7
ISBN 978-7-112-26215-1

Ⅰ.①黄… Ⅱ.①菅… Ⅲ.①黄土高原—庭院—园林
设计—研究 Ⅳ.①TU986.2

中国版本图书馆CIP数据核字（2021）第108162号

本书研究得到国家自然科学基金青年基金项目"黄土高原'植物—民居'生态共生
源理与协同营造方法研究"（编号：51408473）、国家重点研发计划课题"适配于传统村
落价值体系的保护利用监测体系与管理体制"（编号：2019YFD1100903）和"陕西省科
技创新团队——县域新型镇村体系（2018TD-013）"课题共同资助。

责任编辑：李　杰　石枫华
版式设计：锋尚设计
责任校对：姜小莲

黄土高原"植物—民居"生态共生机理与协同营造方法研究

菅文娜　著

*

中国建筑工业出版社出版、发行（北京海淀三里河路9号）

各地新华书店、建筑书店经销

北京锋尚制版有限公司制版

北京建筑工业印刷厂印刷

*

开本：787毫米×1092毫米　1/16　印张：12½　字数：286千字

2021年9月第一版　　2021年9月第一次印刷

定价：58.00元

ISBN 978-7-112-26215-1

（37574）

前 言

　　新时期中国的乡村迎来了发展机遇，但乡村环境面临着能否实现可持续发展的严峻挑战。本研究立足于黄土高原地区，以微气候调节为切入点，运用设计与技术相结合的手段，重点进行黄土高原植物与民居生态共生机理研究，以更好地发挥植物改善微气候的效应。本书在厘清植物要素与民居室内外热环境定量化关系的基础上，探究了适用于黄土高原地区的植物与民居生态共生模式与协同营造方法。这不仅有益于通过植物微气候设计，解决民居室内外环境的热舒适问题，为提升院落空间品质提供参考，而且也可为乡村景观规划中已建成民居的种植设计以及植物与民居"一体化"设计提供科学指导，对实现经济节能与健康舒适双赢的可持续发展目标具有现实意义。

　　基于此，本书研究主要分为四个部分：

　　（1）对黄土高原民居绿化植物进行了区划及应用频度分析，并总结和分析了该地区民居院落的种植习惯及其成因。

　　本研究以水热因素的地域分异规律为依据，地区整体植被景观为参照，局部环境为基础，遵循满足各区域民居文化需求的原则，对黄土高原民居绿化植物进行了区划与选择（参见第2章）。同时本研究对黄土高原地区典型研究区域的不同类型院落进行了深入细致的实地调研，总结出黄土高原地区民居院落的种植习惯，并分析了其形成的影响因素（第3章）。

　　（2）分析了黄土高原民居院落的气候种植需求。

　　本研究以营造舒适院落生活环境及经济节能为目标，采用现场实测和ENVI-met软件相结合的方法，分析了院落空间中植物对热舒适影响的规律，确定了植物在院落空间的合理布局及种植规模，并利用Ecotect软件量化分析遮阴树木对建筑的遮阴效果，确定遮阴树木在民居建筑环境中的科学种植方式及其类型选择。本研究也明晰了植物对民居的作用机理及植物与民居的生态共生效益最大化的途径（第4章）。

（3）探讨了黄土高原典型植物生长习性及其院落生活适应性支撑技术。

本研究从满足植物生长需求的生态因子角度考虑，利用SketchUp软件模拟院落垂直要素对日照的影响，根据院落温度的变化规律，并考虑院落住宅冬季日照的需求，得出植物在院落空间种植时高度的控制要求。同时，还探讨了院落雨水收集与利用的主要模式（第5章）。

（4）研究了黄土高原"植物—民居"生态共生模式及协同营造方法。

本研究依据模拟分析结果，结合村落整体空间形态、民居建筑形态、民俗文化及经济技术水平等因素，探讨了黄土高原植物与民居的生态共生模式（第6章）；重点研究了民居环境中植物优化布局模式，构建了满足植物与民居生态共生需求的协同营造体系，提出了黄土高原"植物—民居"协同营造方法（第7章）。

本研究的创新性在于：①对黄土高原民居绿化植物进行了区划与选择；②利用计算机软件对植物与民居生态共生机理进行了模拟分析；③研究了黄土高原植物与民居的生态共生模式，提出了满足夏季热舒适性的民居空间环境植物优化布局模式；④构建了满足植物与民居生态共生需求的协同营造体系，提出了黄土高原"植物—民居"协同营造方法。

本研究的意义在于：为黄土高原地区民居环境中植物微气候设计提供便捷、有效的指导；通过技术手段量化植物微气候设计、高效发挥院落种植设计在住宅室外环境中的调节作用；完善黄土高原地区乡村规划设计理论体系，实现乡村地区人居环境的可持续发展。

目　录

3　黄土高原民居院落种植习惯、规律及动因

4 黄土高原民居院落生活模式及气候种植需求

5 黄土高原典型植物生长习性及其院落生活适应性支撑技术

6 黄土高原"植物—民居"生态共生模式

7 黄土高原"植物—民居"协同营造方法与实践应用

8 结语

1

绪论

1.1 黄土高原地区"植物—民居"协同发展的机遇

中国正逐步推进新型城镇化建设的进程，在城乡统筹发展、新型城镇化及美丽乡村建设等宏观背景下，全国各地正进行十分丰富的乡村建设实践。尽管一个时期以来我国乡村建设取得了举世瞩目的成绩，但乡村环境正面临着能否实现可持续发展的严峻挑战，经济发展和环境保护的矛盾也日益凸显。

目前，黄土高原地区的乡村步入了"现代化与集约化"快速转型期，"低成本、低能耗、低污染"的生态建筑窑居和在生态上也有着一定优势的传统房居大多转型为新型民居。受地区经济水平与技术水平的限制，大批新型民居保温隔热性能较差，相比传统房居节能优势基本消失，冬季室内采暖能耗增加，夏季热舒适度较差，再加上村落的聚集化发展，使居住密度大幅提高，致使用水、用电量急剧上升，增加了能源消耗，造成了资源浪费。黄土高原地区因其特殊的地貌和气候特征，原本就是我国生态脆弱的典型地区，那么，新时期乡村建设发展与生态环境保护的矛盾就是当前和今后面临的无法回避的问题。

从风景园林学科的角度出发，村落的景观环境规划可以一定程度上弥补住宅建筑节能的需求。植物作为有生命的景观设计要素，可动态调节环境中的温湿度及太阳直射强度，改善乡村人居生态环境，促进乡风文明、村容整洁，是乡村环境建设重要的景观要素之一，具有不可忽视的地位。另外，院落空间的微环境条件，如光、热、水等，可成为植物营建的有利条件，从而实现黄土高原地区民居绿化植物的多样性。

针对黄土高原地区乡村建设,"植物—民居"的协同发展与"一体化"设计,将会成为低成本、有前景的发展模式,其既创造了景观、改善了生态环境,又形成了地域特色。

立足于新型城镇化建设发展背景,对黄土高原地区"植物—民居"生态共生机理与协同营造方法进行研究,不但可使民居实现经济节能与健康舒适,而且对黄土高原地区乡村环境建设,甚至我国的乡村建设都具有重要的启示意义。如何抓住关键矛盾,迎接挑战,为生活在广大黄土高原地区的人们营建良好的人居环境,是致力于黄土高原地区人居环境建设研究者们应该深入思考与探讨的课题。本研究的预期成果对于促进黄土高原地区乡村生产、生活、生态和经济社会的可持续发展有积极的意义,也有望为西北地区,如新疆沙漠戈壁区、青藏的高寒地区以及内蒙古和宁夏的风蚀沙化区等的生态环境及人居环境建设发挥科技支撑和引领作用。

1.2　本书研究的视角

1. 现代民居院落的小环境

近年来,在民居环境理论研究方面,较多学者关注的是传统民居院落空间环境的研究,其研究成果对解决我国现代民居院落的具体环境发展矛盾缺乏应对。所以,本研究的视角立足于现代民居院落的小环境。

2. 面向民居院落单体并走向村落层面

面对城乡一体化趋势和美丽乡村建设,对乡村院落空间的研究范畴不能仅停留在院落单体层面,必须进一步在村落系统中寻求整体协调发展途径。所以,本研究跨越了狭义的院落范畴,从适宜性、发展性及理论性方面扩大了院落的概念。

3. 生态共生与协同营造

植物与民居的关系受多种因素制约,如地区经济发展水平、民情、政策、气候等,对待不同的地区,不能照抄照搬前人的研究成果。所以,对于黄土高原地区来讲,须结合地区的自然条件、经济发展现状、生态环境建设政策和步伐,以及民居建筑的形式和节能技术的发展趋势,充分考虑地区的气候条件、季节变化和周期性波动规律,运用风景园林学科、建筑学科,及其他相关学科的理论,探讨适宜黄土高原地区的"植物—民居"生态共生机理及协同营造方法。

4. 乡村地区风景园林学科的有机更新

地域气候与文化、风土与人情、材料与技术等都是乡村地区风景园林学科关注的主要内容。随着乡村社会的转型、居住方式和形式的转变,以上各方面的内涵与关系也都相应地发生了变化。因此，风景园林学科研究的方向应该从乡村地区风景园林现代有机更新的高度和视角展开。"植物—民居"的同步建设，即民居及其院落空间环境建设是乡村生态景观建设的重要单元，是现代风景园林学科响应生态文明建设的重要领域——以场地营建为核心的人类生态空间设计，也是生产、生活和生态三个层面的核心体现。

1.3 既往研究及评析

本研究主要探讨植物与民居的关系，民居在这里主要指民居建筑和民居院落，所以，植物与民居的关系将包括植物与民居建筑（低层建筑）的关系、植物与民居院落的关系。

1.3.1 民居研究

我国民居研究始于20世纪50年代，当时的研究仅集中在建筑范畴，对于气候地理、历史文化及所居住人群的生活、习俗、信仰等对民居的影响关注较少，直至20世纪80年代，民居的研究才开始进入多方位、多学科的综合研究阶段。目前，国内民居研究主要包括：①民居研究与社会、文化、哲理思想相结合；②民居研究与形态、环境相结合；③民居研究与营造、设计方法相结合；④民居研究与保护、改造、发展相结合。其中，在民居与形态、环境相结合的研究中，界定了民居环境的概念，它是指民居的自然环境、村落环境和内外空间环境。民居环境也有大环境和小环境之分，城镇、村落属于大环境，院落（天井）、庭园属于小环境。民居只有处于村落、城镇大环境中，才能反映出自己的特征和面貌，通过与内外空间、厅堂与院落（天井）的结合，才使民居的生活气息更加浓厚。近年来，在民居环境理论方面，较多的学者关注民居与村落、村镇、聚落的研究，对于民居院落这个小环境的研究则关注较少。

1.3.2 民居院落种植研究

作为乡村生态系统的重要组成部分，民居院落的营建在国内外有着悠久的历史。院落种植是传统的农耕文化和乡村固有生活方式的具体呈现，空间形态各异的点状种植院落是乡村聚落植被景观的重要组成部分，有着广泛的生态系统服务功能。因此，民居院落的研究受到越来越多学者的重视，涉及民族学、考古学、社会学、建筑学、生态学以及风景园林学等多个学科领域，研究多集中在庭园经济，院落植物的配置模式，植物多样性组成结构、影响因素和生态服务功能等方面。

民居院落种植研究在国外可以追溯到20世纪70年代，关于印度尼西亚万隆等地的热带农林模式研究，其主要关注居民院落植被的复合结构、功能及其持续性。直至2000年的30年间，庭园研究主要集中在像泰国、印度、南非、印度尼西亚等一些发展中国家，其不仅关注农林系统生态功能，也结合民族植物学开展调查研究。但是，越来越多的生态学家认为，居民院落是一个文化和生态结合的载体，是一个独立的相对"稳态"的系统，具有自己独特的生态结构、生态过程、生态系统服务功能和不同的景观尺度。近几年，德国、英国、美国和加拿大等一些发达国家的居民院落研究案例逐渐增多，并且扩展到了城市的居民庭院。如今，国外关于院落的生态学研究重点在植物多样性方面，主要涉及生态系统服务功能、植被组成、植物资源利用、野生动植物保护及社会文化变迁影响等。而国内关于民居院落的研究起步较晚，目前主要集中在庭园经济、院落植物的配置模式等方面，对于院落中植物生态功能方面的研究则相对缺乏。

1.3.3 植物与建筑关系研究

1. 建筑环境中植物生态效益评价方法的研究进展

（1）关于建筑本体绿化方面的研究

针对植物对建筑遮阳降温节能的效果评价方法有实测法、传热模型法、软件模拟分析法、当量热阻法和遮阳系数法。其中，实测法的优势在于能直观地观测出植物遮阳的降温节能效果，并且结果最可靠，但是测试周期长，工程设计参考价值也就不高。所以，在实际应用中，更多地采用后四种方法量化植物对建筑的降温节能效果。

传热模型法：可以帮助分析植物遮阳的热工性能，为实验研究提供一定理论指导；也可以预测植物遮阳的降温节能效果，从而采取适当措施对植物遮阳进行优化设计，以达到最大降温节能效果。所以，国内外的一些研究学者建立了相应的数学模型。

软件模拟分析法：CFD软件（Fluent、Phoenics等）和能耗软件（DOE-2、Energyplus和TRANSY等）发展得越来越成熟。在资料完善的情况下，软件模拟分析法不仅成本低、速度快，还可以模拟不同的情况进行分析。近年来，不少研究学者都借助CFD软件和能耗软件对建筑本体绿化的植物遮阳降温效果进行模拟分析。

当量热阻法：即采用一段时间的测试数据，与传热计算结合得到相应的热阻值。这是目前方便于工程应用的一种简化的方法，它能够将植物遮阳隔热与常规材料隔热进行优劣对比，并且能够预先评估采用植物遮阳后的降温节能效果。因此，为便于工程设计应用，一些研究学者给出了植物遮阳在不同环境条件下的当量热阻值。

遮阳系数法：目前没有一个统一的方法来计算植物的遮阳系数，大都停留在对概念的描述上。只有少数学者针对某种特定的植物在某一段特定时间内的遮阳系数提出了相关计算公式。

（2）关于建筑周边环境绿化方面的研究

关于建筑环境中的遮阴树对建筑遮阳降温节能的影响效果评价方法有实测法和软件模拟法。

实测法：通过实测法可以得出树木对室外微气候的影响；一些实测研究也监测了建筑周边环境中的植物对建筑室内热湿环境和节约能源上的定量影响。

软件模拟法：对建筑物表面温度和微气候进行长期实测研究成本较高，在国外，一些模拟的方法和仿真模型已经被开发应用于模拟树木影响建筑热平衡和室外微气候的研究中。

一些模拟研究得出，在自然通风的建筑场地，在夏季，绿化设计可为建筑及其周围的室外空间提供有效的遮阳，但树种的选择要考虑树冠的大小、密度和形状。如树冠高且伸展的高大落叶树适合种在建筑南向，以遮挡高角度的阳光。树冠低矮、靠近地面的树木更适合种在建筑西向，以遮挡下午低角度的阳光；在冬季，一般避免在建筑南向近距离种植常绿树，在西南和东南向也仅适合种植落叶树。但在寒冷地区，建筑南向尽量不种树，因为即使是落叶树，其枝干也会遮挡部分阳光。

2. 植物与建筑共生模式和技术研究进展

（1）国外研究进展

19世纪中后期，挪威整个南部边境，在砖木结构的建筑屋顶设置草坪以抵御严寒，这已有数百年的历史。20世纪60年代以后，建筑垂直绿化在经济发达的国家被视为集生态效益、经济效益与景观效益为一体的城市绿化的重要补充而受到广泛关注。

1992年，在巴西里约热内卢召开的"联合国环境发展大会"中，与会者第一次明确提出"绿色建筑"的概念。随之，建筑垂直绿化又成了建筑节能方面研究的一个重要组成部分。一些经济发达的国家，如德国、美国、日本、韩国等，在屋顶绿化方面都有着20～30年的成功经验。其屋顶绿化技术，包括防水、给水排水、隔根处理、过滤处理、基质选择、植物配置等方面都已达到较高的水平。

植物在建筑墙体绿化的应用发展很大程度上依赖于绿化技术的更新，从地面栽植到墙面介质板栽植，从利用藤本植物的攀爬特性到安装绿化模块即绿化墙面，具有现代意义的墙面绿化因技术含量高、成本高等原因，其发展历程不过是近几十年的事。

植物在建筑墙面上的应用始于20世纪初在一些图书馆、教堂等建筑的外墙种植爬山虎进行绿化。栽植攀缘植物是最常规、最传统的墙面绿化技术。之后又出现沿墙面的水平方向镶嵌栽植板形成栽植槽，在墙面上设置好栽植槽后，选植灌木、花草或者蔓生性强的攀缘植物对建筑墙面进行绿化。

2004年，法国生态学家、植物艺术家帕特里克·勃朗为凯布朗利博物馆设计的800m²植物墙成为墙面绿化的标志性工程。2005年，日本爱知世博会上的"生命之墙"进一步向世人展示了最新的墙面绿化技术。之后的短短几年时间，墙面绿化在全世界范围内逐渐兴起。

近几年，生态建筑的出现推动了植物与建筑关系研究的进一步发展，出现了如马来西亚设计师杨经文的生态设计理论，即利用空中垂直庭园和外墙绿化系统的防晒、隔热、通风等功能辅助高层建筑节能。

（2）国内研究进展

在国内，植物被引入建筑环境中的研究和探索起步较晚，始于20世纪70年代，大量的研究侧重于建筑屋顶绿化。近几年来，国内屋面种植技术研究和推广工作进展很快，屋面种植的生态环保作用、美化作用和休闲功能得到了社会的广泛认同，各城市的屋顶绿化相关政策也陆续出台。当前国内的研究领域主要涉及屋顶绿化系统，包括改进种植屋面构造和研发轻质种植基质，以及屋顶绿化植物的选择、配置和种植技术研究。但从总体来看，对于屋顶绿化技术的系统性研究现在还尚处于初步阶段。

2009年，刘加平在《建筑创作中的节能设计》一书中，从建筑外部空间环境中植物对建筑的遮阳、通风和防风作用，与建筑有密切联系的绿化类型，以及面对一些需求的树种形态选择等方面，阐述了绿化利于建筑节能的一些基本原理和设计方法。2009年，李峥嵘的《建筑遮阳与节能》中，把植物遮阳列为建筑遮阳的一种技术手段。2011年，杨柳的《建筑气候学》从植物降温增湿、遮阳、通风及防风角度，列举了结合气候的建筑外环境植物景观设计辅助建筑节能的一些设计要点。

1.3.4 总结与评价

综上所述，学界已经开展了不少植物与建筑方面的相关研究，并取得了重要成果，但也存在许多不足之处。

（1）大量的研究得出了建筑本体绿化在夏季对建筑具有良好遮阳降温作用的结论，并研究获得了多个对其遮阳效果评价的方法。但针对低层建筑周边环境中不同的绿化形式和布置方式对建筑能耗的影响效果的评价研究较缺乏。

（2）大量的研究以气候学理论为指导，以计算机模拟技术为核心，但缺乏植物应用研究人员为主导的跨学科研究。

（3）重视高精技术的研究，忽视普及性技术的推广潜力。

（4）用于建筑外环境绿化的植物选择研究缺乏。

（5）民居院落种植的研究过于独立。

1.4 研究方法

1.4.1 类型化方法与典型化方法

黄土高原地区包括黄河中游七省（区），全区总面积约64.2万km²，乡村聚落数量庞大，民居形式众多。通过考察调研，按民居对植物的需求分类，针对每一种类型选取典型民居作为研究对象，进行详细的调查分析，是本书采取的研究方法。

1.4.2 综合理论分析方法

本研究基于黄土高原地区这一特定的区域与现实，采用综合理论分析方法进行深入比较，吸收消化国内外相关且已成熟的科学经验与方法技术，以确保研究成果具有前瞻性与科学性。

1.4.3 计算机软件模拟分析方法

为实现植物变化对民居室内外空间热舒适性影响研究的直观性，完善"植物—民居"协同营造方法，本研究采用软件模拟分析方法，这是本研究的技术难点和实验手段，也是一项关键技术。

1.5 核心内容与研究框架

1.5.1 核心内容

1. 黄土高原民居院落种植类型、区划及频度

在现场调研和分类梳理的基础上，深入分析黄土高原地区民居的整体信息，从民居对植物的需求和植物对民居的贡献角度将其类型化。在黄土高原生物气候区划的基础上，对民居常见植物进行区划与物种选择，并对重点研究区域内民居绿化常用植物的使用频度进行分析，为后面民居绿化植物的选择提供参考。

2. 黄土高原民居院落及院落种植习惯、规律和动因

在现场调研及文献研究的基础上，对黄土高原不同类型的典型院落进行深入详细的实地调研，对民居环境中植物应用现状进行梳理、分类、分析后，总结出植物在民居环境中常见的种植形式、位置以及种类的选择，并将这种种植习惯形成的影响因素进行系统分析，为下一个阶段植物在民居环境中的科学种植研究，即植物与

民居生态共生的研究提供参考。

3. 黄土高原院落生活模式及其气候种植需求

从对民居概念、特点、功能的阐述入手，根据实地调研总结黄土高原地区民居院落的空间环境状况、分布类型以及生活模式，分析黄土高原民居院落气候种植的需求体系。植物对民居院落影响的研究是本研究要解决的核心问题，须结合地区气候条件、季节模式、植物的属性以及建筑信息，以民居常用植物区划、院落种植习惯及植物使用频度分析的资料为基础，确定植物与民居建筑模拟模型。通过软件模拟遮阴树木在建筑外表面的"质"和"量"，以及院落空间中植物对热舒适影响的变化规律，确定民居建筑周边及院落环境中遮阴树木气候种植技术指标。

4. 黄土高原典型植物生长习性及其院落适应性支撑技术

对黄土高原典型植物生长习性作了系统的阐述，从满足植物生长需求的生态因子角度考虑，进一步分析黄土高原院落空间中植物适应院落空间环境的支撑技术，利用计算机软件模拟技术模拟院落的垂直面对植物生长的日照时数的影响，为低矮植物在民居院落空间的科学种植提供技术指标。

5. 黄土高原"植物—民居"生态共生模式

依据模拟分析得出的结论及控制指标，结合地区经济水平、气候、习俗、文化等影响因素以及国内外相关研究成果，考虑整体村落的空间形态、院落的微环境以及民居建筑的类型，在现有的植物资源条件下，分析"植物—民居"的耦合关系，研究其可能的生态共生模式，为黄土高原地区"植物—民居"协同营造及良性发展提供基础。

6. 黄土高原"植物—民居"协同营造方法及实践应用

在黄土高原"植物—民居"生态共生模式的基础上，深入探讨针对黄土高原地区民居现状，植物该如何营造，营造的控制指标是什么，以及如何应对地区民居发展的趋势等问题，将"植物—民居"生态共生技术的模拟结论作为理论框架，构建适应地区民居发展趋势的"植物—民居"协同营造体系，并结合1～2处植物与民居结合的实际项目，研究上述原理方法在实际项目中的可操作性和实施要点，并进行理论总结。

1.5.2 研究框架（图1-1）

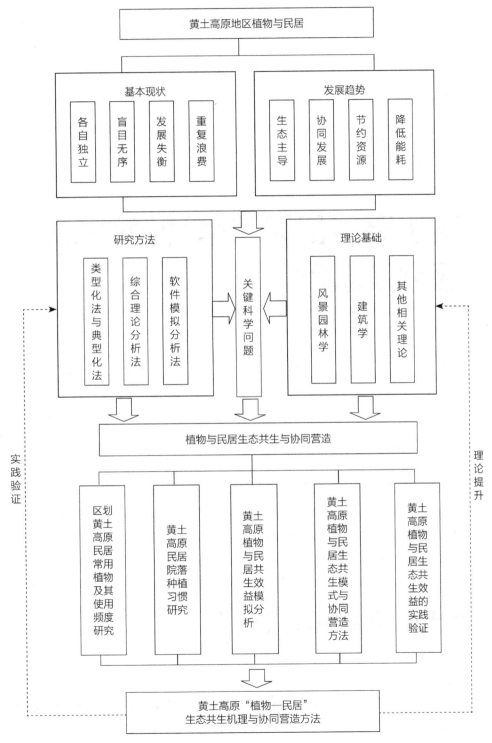

图1-1 研究框架

2

黄土高原民居院落种植类型、区划及频度

近年来，随着城乡一体化的迅速发展，乡村的空间环境正发生着巨大变化。民居院落作为整个乡村民居环境的重要组成部分，其功能正逐渐发生转变，但也带来了不良后果即植被大量减少，这不仅降低了民居院落及民居建筑室内的舒适度，也削弱了乡村的整体生态环境。因此，如何有效地恢复院落植被，美化院落及村落的空间环境、遏制村落生态环境恶化、改善民居室内外的舒适度、节约资源，是一项长期而艰巨的任务，也是当前迫切需要解决的问题。

研究植物与民居的生态共生关系，民居常见植物的区划与选择是解决以上问题重要的基础性研究工作，不仅关系地区村落空间环境的建设成效，也关系乡村整体生态环境的改善。

2.1 黄土高原地区的自然条件

2.1.1 水系

本地区以黄河水系为主。黄河水系曲折回转，贯穿于全区，流域面积占全区面积的85%，海河流域和鄂尔多斯内流区面积各占7%左右。按照水文特点，黄土高原地区的黄河河段大致可分为：（1）自共和盆地东缘的龙羊峡至中卫县下河沿，为黄

河上游中段。本地区黄河干流地形呈梯级下降,川、峡相间,因而形成了许多水利资源丰富的峡谷和土地肥沃的河谷平原。(2)自下河沿至托克托县河口镇,为黄河上游下段。由于这里处于半干旱和干旱地带,降雨稀少,蒸发强烈,加上大量引水灌溉,因而径流不但没有增加,反而有所下降。(3)自托克托县河口镇至郑州西北的桃花峪,为黄河中游。黄河中游地区土壤侵蚀极其强烈,支流流经黄土丘陵沟壑区,是黄河泥沙的主要来源地。

2.1.2 气候

我国黄土高原地区属于欧亚大陆东部温带季风大陆气候,气温和雨量季节变化明显,并由于纬度、距海远近的不同和地形的变化,引起了气候的地带性和地区性分异。

1. 气温

本区气温大致随着纬度的增高和地势的抬升由南向北逐渐降低。最南部的洛阳地区年平均气温在14℃以上,至内蒙古包头、呼和浩特和集宁一带则降至4℃以下。年平均气温8℃等值线大致经过原平、离石、神木、榆林、志丹、华池、环县、平凉、泾源等地。此线以南为暖温带,以北为温带。

暖温带年平均气温为8~14.5℃,1月平均气温为0~8℃,7月平均气温在22℃以上,年平均气温大于等于10℃的积温为3400~4500℃,各种温带果树均可正常生长。温带年平均气温为4~8℃,1月平均气温为-12~0℃,7月平均气温大都在20℃以上,年平均气温大于等于10℃的积温为2000~3400℃,大多数温带果树须采取一定防寒措施才能栽植。

海拔和地形对气温的影响也很显著。如海拔最低的豫西,气温较同一纬度的关中地区高,晋陕之间的黄河谷地和青海省境内的黄河谷地,气温均较附近地区显著增高。而山地气温,如秦岭、吕梁山、青海东部山地、六盘山和贺兰山等,则出现了急剧垂直递减现象,植被呈现垂直分布规律。

此外,内蒙古黄土高原地区东南部和晋西北一带,因处于冬季西伯利亚寒流的要冲地带,虽然其海拔相比周围地区并无明显变化,但气温却显著降低。

2. 降水

黄土高原地区距海较远,属于大陆季风气候,冬季在强大的西伯利亚干冷气团控制下,降水量少而寒冷;夏季盛行东南季风,太平洋热带湿热气团带来水汽,降水增多。

由于黄土高原地区距海远近不同及受季风和地形等因素影响,降水不仅地区分布不均,而且季节变化与年际变化都很强烈。年降水量的分布趋势是由东南向西北朝着远离海洋的方向递减,由秦岭、伏牛山北麓与中条山南麓的650mm,至河套西部逐渐降至150mm左右。年降雨量400mm等值线大致经过呼和浩特、东胜、榆林、靖边环县、海原、榆中、兰州等地。此线以南为半湿润地区，年降水量为400~650mm，干燥度指数小于2.0；此线以北直至乌拉特前旗、灵武、中宁等地为半干旱区，年降水量为200~400mm，干燥度指数为2.0~4.0。

河套平原西部、银川平原及景泰等地则进入干旱区东缘，干燥度指数大于4.0。由于地形的影响，出现了许多年降水量异常地区，如伏牛山北麓的洛阳、荥阳一带，太行山西麓的大同盆地和太原盆地，以及孟达山北麓的黄河谷地，均处于太平洋季风的背风坡，即雨影区，它们的年降水量一般比周围地区少50~150mm。而关帝山、子午岭、六盘山、祁连山等山地，由于气温低、水汽凝结条件好，山地中上部，特别是夏季季风东南坡，即迎风坡，降水明显增加，年降水量比周围地区多50~200mm。降水量异常对植被发育和植被分区界线的走向均有明显影响。

本区降水量的季节分配极其不均。夏季6~9月降水占全年的70%~80%，并且越向北，夏季降水的比率越大。这种雨热同季的现象对植被发育，特别是作物生长极为有利。但春季雨量较少，一般仅占年降水量的15%左右，因此经常发生春旱。另外，7~8月多暴雨，增加了黄土的侵蚀强度。

2.1.3 地形

本区地形按类型分主要有平原、盆地、高平原、黄土高原（黄土覆盖的高平原）和山地。

1. 平原和盆地

平原和盆地按其分布地区可分为四组。

第一组是位于陕西渭河流域及纵贯山西中部的平原和盆地，包括黄土高原地区最大和最富庶的渭河平原、汾河-涑水平原、太原盆地、忻州盆地、大同盆地等。它们的特点是中部为冲积平原，但其中有时含湖积物；两侧或周围有多级黄土阶地或洪积平原，并因支流或冲沟侵蚀而形成台地。

第二组位于山西中南部东侧，较大的有长治盆地、寿阳盆地，较小的为阳泉、黎城、晋城、沁县等盆地。它们都是高原盆地，其物质组成主要为黄土。盆地主体部分发育着塬地和平缓丘陵，边缘往往有砂页岩丘陵围绕，而中部有宽浅河谷贯穿。

第三组位于内蒙古和宁夏黄河沿岸，包括河套平原和银川平原。其中，河套平原自东而西又可分为土默特平原、后套平原和磴口-西山咀覆沙平原，它们均系断陷成因，物质组成主要是洪积-冲积物和冲积-湖积物。这里地势平坦、水源充足、渠系发达，素有"塞上江南"之称。

第四组位于甘肃中部和青海黄土地区的黄河及其支流，主要有黄河沿岸的靖远盆地、兰州（皋兰）盆地、循化盆地、贵德盆地，位于湟水的乐都盆地和西宁盆地，位于大通河流域的浩门盆地等。它们均由河流阶地组成，有时在阶地外侧发育着与主河流垂直而切割较深的黄土梁状丘陵。

2. 高平原

鄂尔多斯高平原是本区的一个独立地貌单元，位于内蒙古黄河以南的半干旱地带，海拔高度为1100～1500m。它的构造基础是鄂尔多斯地台，地表物质组成主要为残积物和风积物。风积物主要分布在北部的库布齐沙漠和南部的毛乌素沙漠，并形成众多的新月形流动沙丘和半固定、固定沙地。在高平原的东南部还有许多因受流沙侵袭而处于退缩过程中的现代湖沼和湿洼地。

3. 黄土高原（黄土覆盖的高平原）

黄土高原是本区面积最大的地貌类型，广泛分布在山西、豫西、陕北、陇中和陇东，以及宁夏中南部和青海东北部。它的地形外貌在很大程度上受古地貌影响。基底平坦而未受流水切割的部分为黄土塬，受到侵蚀的塬地则变为破碎塬。陕北南部和陇东地区的塬地保存较完好，最著名的是董志塬和洛川塬。在流水侵蚀和重力作用下，黄土地层连同基底遭到切割的地貌则成为黄土梁和峁。流水侵蚀形成的负地形，狭窄的为黄土冲沟，宽浅的为黄土涧地。梁、峁与冲沟的发育是交织在一起的，这种地形以陕北北部和晋西最突出，这里被称为黄土丘陵沟壑区。

4. 山地

本区山地主要有南北走向和东西走向两类。南北走向的山地贯穿整个黄土高原地区中部和东部。位于本区最东部的是山西东缘的太行山，山西西部为吕梁山系。白于山和子午岭以不太完整的山系从北至南蜿蜒在陕北与陇东之间，六盘山位于宁夏南部，贺兰山位于银川平原西侧，这些南北走向的山地是夏季太平洋季风向我国内陆推进的巨大障碍，它们往往成为湿度分带和植被地带分异的自然界线。东西走向的山地主要位于本区南缘，基本与青藏高原北部的昆仑山系一脉相承。自东昆仑山系西倾山余脉麦秀山开始，向东依次有孟达山（积石山）、西秦岭、秦岭、伏牛山等。秦岭山地是我国南方与北方气温和降雨的转折线，也是我国重要的一条自然分界线，本区西南部青海省境还有祁连山系的许多余脉。此外，本区的北缘还有东西走向的阴山山脉。

2.1.4 植被

1. 黄土高原主要植被类型和分布

黄土高原地区所在的地理位置和自然条件决定了本区植被生存环境的复杂性和多样性。在63万km²的范围内，既有沿着广大黄土高原面展现的水平地带性植被，也有依据山地生境而逐步更替的垂直地带性植被。加上黄土丘陵地貌造就的沟壑生境，使本区的植被类型及组合结构更加多样化。同时，本区的北部跨入内蒙古草原植被区，西北部进入蒙新荒漠区，南部与亚热带常绿阔叶林区相邻，西部又向青藏高原过渡。因此，本区的植被不仅类型复杂，而且由各种不同区系地理成分的建群种构成的植物群系也更加丰富多彩。

（1）森林植被，主要分布在山地。此外，在南部的关中平原和黄土深切的沟谷中也有少量分布。

（2）灌丛植被，在本区十分发达，类型很多，既有原生性的，也有森林破坏后的次生类型；分布面积广，有山地型的，也有平原型的。在山区的分布面积远远超过森林植被，在平原地区，它可跨越森林地带，直至草原地带，甚至沙地。

（3）草原植被，在黄土高原地区分布面积最广且具有地带性意义，占据着黄土高原的森林草原、典型草原和荒漠草原三个植被地带。

（4）荒漠植被，分布于干旱区，由超旱生的灌木和小半灌木为建群种组成，主要分布在鄂尔多斯高原的西部、宁夏的北部、甘肃白银市及其以北的地区。

（5）草甸植被，在湿润生境中生发，是由各种中生草本植物为主组成的植被类型。本区草甸大多发育在山地，是受大气降水制约而发育起来的大陆草甸。

2. 黄土高原植被地带

黄土高原地区应当分属森林、草原、荒漠三个植被区，其中以草原面积最大。若以地带而言，全区可划分为相当于"亚地带级"的五个植被地带，即暖温性森林植被地带、暖温性森林草原植被地带、暖温性典型草原植被地带、暖温性荒漠草原植被地带及暖温性草原化荒漠地带。它们由东南向西北依次分布。

黄土高原植被分布由于受地形和气候的影响具有明显的地带性规律，呈现出由东南向西北、由森林到草原的水平地带性分布，依次为暖温带夏绿阔叶林、暖温带森林草原、暖温带干旱草原及温带荒漠草原。

乔木林植被主要分布在东南部和海拔较高的山地；灌木林多分布在山西丘陵沟壑区和内蒙古风沙丘陵区；草地多分布在黄土高原中部丘陵沟壑区及北部风沙草原区；湿地植被主要分布在内蒙古河套平原东部；农田在黄土高原分布较广，多位于平原、盆地等灌溉条件便利、人类活动频繁的地区；裸地主要位于甘肃北部；沙漠主要位于西北部，如毛乌素沙漠、库布齐沙漠和腾格里沙漠。

2.1.5 土壤

本区土壤分布规律明显受季风气候控制，地带性土类分布具有自东南向西北的变化趋势，同时受地形、局部环境及农耕的影响，也出现了非地带性土壤和耕作土。

1. 地带性土壤

地带性土壤自东南向西北依次有褐土、黑垆土、栗钙土、棕钙土、灰钙土和灰漠土。

褐土主要分布在山西境内石质山地的低山丘陵地带，并断续出现于渭北高原南缘和秦岭、西秦岭北麓的低山丘陵地带。它的自然植被为落叶阔叶林及其破坏后的长期次生植被。

黑垆土主要分布在陕北、晋西、陇中和陇东的塬地，所在地形较平坦，侵蚀较轻，以董志塬、早胜塬、洛川塬、长武塬、世庆塬、彬县塬、合水塬发育最为典型。本土类的原始植被是草原。

栗钙土在本区主要分布在鄂尔多斯高平原北部、晋北、阴山南麓下部和青海东部。其自然植被主要为各类针茅草原。

棕钙土广泛分布在鄂尔多斯高原中西部，植被为荒漠化草原。

灰钙土在本区广泛散见于华家岭以西的黄土高原西部及祁连山、贺兰山山前地带。所在地形为平缓丘陵、阶地和洪积平原。自然植被为荒漠草原，地表有地衣。

灰漠土在本区仅出现于碛口至宁蒙交界处的剥蚀高原。植被为旱生、超旱生半灌木荒漠植被和灌木荒漠植被。

2. 山地土壤

山地土壤发育程度差，水热状况变化大，黄土高原地区山地土壤的类型主要有山地棕壤、山地灰褐土、山地黑钙土及草毡土等。

山地棕壤出现在太行山、吕梁山、秦岭、六盘山和祁连山等较高大的山地，通常位于褐土之上。植被为落叶阔叶林、针叶林及其次生的桦、杨林或灌木丛。

山地灰褐土是半干旱地区山地的一种森林土壤，位于栗钙土或黑垆土之上。在本区主要出现在子午岭、黄龙山、六盘山、贺兰山、罗山和祁连山东端，以及大青山、阴山南麓。植被主要为云杉林及其次生桦、杨林等。

山地黑钙土主要发育在青海东北部祁连山各支脉的山地下部。植被为草甸草原。

草毡土在本区主要发育在祁连山东部高山草甸带的平缓分水岭和缓坡。

除上述主要土类外，在鄂尔多斯内流区还有成土过程很弱的风沙土。在毛乌素沙地西部和库布齐沙地为半固定风沙土，除能满足沙生植物生长外，沙丘间还可小面积栽植果树或种植作物。

2.2 黄土高原民居院落的种植类型

2.2.1 黄土高原生物气候分区

黄土高原，地跨七省（区），气温大致随着纬度的升高和地势的缓慢抬升由东南向西北逐渐降低，最南部的洛阳地区年平均气温在14℃以上，至内蒙古包头、呼和浩特和集宁一带则降低至4℃以下。降水的分布亦是由东南向西北递减，由秦岭、伏牛山北麓与中条山南麓的650mm，至河套西部则逐渐降至150mm。其降水不仅地区分布不均，而且具有强烈的季节变化和年际变化。6～9月降水占全年的70%～80%，越向北夏季降水的比率越大，并且多以暴雨的形式出现，最大年降水量通常为最小年降水量的3倍，有时甚至达7.5倍。

总之，该区属于我国东部湿润区与西北干旱半干旱区的过渡地带。由于区内地形、大气环流（季风）以及距海洋的远近不同，其内部在生物气候上存在着复杂的地域分异。因此，黄土高原的植被分区由东南向西北依次为ⅠA暖温带湿润半湿润森林区、ⅡA暖温带半湿润半干旱森林草原区、ⅡB中温带半干旱典型草原区、ⅡC中温带干旱半干旱荒漠草原区和ⅢA中温带干旱草原化荒漠区五个区。

2.2.2 黄土高原民居院落种植资源

根据黄土高原植被类型及黄土高原生物气候分区可以得出，黄土高原从东南到西北，相应的植物资源是从落叶阔叶林到稀疏草地。结合实际调研可以得出，民居院落的种植基本遵循黄土高原大背景条件。从东南到西北，落叶阔叶树种类逐渐减少。如在气候分区的Ⅰ区，分布着丰富的落叶阔叶林、落叶阔叶灌木林以及部分的常绿针叶林，这为该区域的民居院落种植提供了丰富的资源。

2.2.3 黄土高原民居院落种植现状

1. 遮阴树、低矮植物及攀缘植物的应用情况

根据调研情况分析得出以下结论：从总体来看，黄土高原乡村院落绿化水平不高，低矮植物、攀缘植物的比例偏低，种类偏少，导致绿化结构单一。在绿化种植设计中，低矮植物中灌木种类体量小、形态各异，便于营造丰富的视觉效果，能很好地展示乡村院落绿化效果，所以院落在低矮植物种类选择上应更丰富，树种比例应再适当提高。另外，随着村镇化进程的加快，院落内绿化空间变得越来越狭小，而垂直绿化在空间利用上占有优势，所以，攀缘植物应用的比例有所增加。

当然，由于黄土高原乡村院落绿化水平还相对较低，而遮阴树树种绿量大、生长年限长、景观效果突出，更能在短期内发挥出绿化效益，因此，在开展乡村庭院绿化时不可忽视遮阴树的配置，特别是新建住宅，不可一味地为了美化而加大灌木类、攀缘类植物的比例和数量。

2. 常绿与落叶树种的应用情况

（1）落叶植物无论在种类上还是数量上都占有较大的比例，这与黄土高原自然资源和气候特征有关。黄土高原地跨七省（区），从东南向西北跨了建筑气候分区中的寒冷地区和严寒地区，这些地区冬季寒冷，院落植物种植首先应保证冬季室内

的日照需求，因此，落叶植物就显得非常重要。

（2）应用的常绿植物大部分属于低矮植物，在景观营造方面略显不足。落叶植物应用比例过大，往往导致乡村冬季整体色彩较单调、季相变化不明显。另外，本区秋季色叶树的种类偏少且数量也较少。

3. 乡土植物与外来树种的应用情况

根据《中国黄土高原常见植物图鉴》，黄土高原植被跨荒漠、草原和森林三个地带。常见的植物种类约720种，包括乔木类、灌木类、藤木类和匍地类所有的植物生长类型。然而，乡土树种在本区民居院落绿化中种类单一，如大型乔木的选择，从黄土高原东南部到西北部普遍为杨树、柳树、榆树、槐树。此外，在整个村落甚至临近的多个村落，院落空间的植物配置基本相似，尤其是乔木种类的选择，这种现象反映出的问题是，在乡村规划与设计中，对于乡土绿化树种开发利用方面存在不足，可供选择应用的树种种类也较少。

另外，有些村落为发展乡村旅游，或受城镇化背景的影响，追求观赏效果，对外来树种也有一定量的引进，但忽略了乡土树种的众多优势，如顽强的生命力、易成活、经济价值大等。因此，在未来民居院落空间绿化中，乡土树种的推广及应用不应忽视。

2.3 黄土高原民居院落常用树种区划

2.3.1 黄土高原民居院落常用植物区划原则

植物（被）区划是植物资源合理利用、开发和保护的基础，我国地理学、生物学研究工作者已对全国的自然植被、野生和栽培林木、野生和栽培草种进行了区划。这些区划或以自然植被为对象，说明其分布格局；或以人工植被为对象，说明其生产利用方向。

在黄土高原植被区划方面的相关研究有黄土高原地区种树种草区划、黄土高原地区果树区划等，这些为数不多的植被区划专项研究工作，为黄土高原民居绿化树种区划研究提供了坚实基础和宝贵参考。

1. 区划思路

对于黄土高原地区民居绿化适宜植物做出正确的选择，其本质是将有可能在黄土高原各地区生长良好、适合民居院落空间及满足居民需求的植物按其生态适宜程度和潜在分布范围进行划分与归类。换言之，对黄土高原依据自身气候特征和环境背景做出植被分区，是准确遴选适宜各区绿化植物种类的基础。

区化思路为：首先，探讨地区植被区划应遵循的几个基本原则；其次，在区划原则的指导下参考国内外植被区划的研究成果和方法，根据黄土高原地区的气候数据进行植被区划和命名；最后，根据地区植物物种的生态适宜性、各个区域的民居文化及居民需求，进行绿化植物的划分与归类。

本研究参考植被区划或生态区划理论，从乡村空间环境建设的实际特点和区划成果的应用需要角度，提出民居绿化植物区划的基本原则：

（1）以水热因素的地域分异规律为依据的原则：自然因素，特别是温度、降水及其因地形影响而产生的水热再分配即水热组合，是影响乔灌草生长与分布的决定性因素，而且植被本身的自然特性与所在地区的水热条件具有密切的联系。因此，在确定民居绿化植物的分区时，首先应考虑水热因素的地域分异。

（2）以地区整体植被景观为参照的原则：环境因子的地带性决定了植被类型的地带性，而这种地带性特征在很大程度上决定了物种选择的基本对象。因此，在进行民居绿化植物区划时，应以地区的整体植被景观为参照。

（3）以局部环境背景为基础的原则：植物的生长与分布除受地带性因素影响外，地形地貌等非地带性因素对植物的生长与分布也会起一定作用。山地、丘陵、盆地等地貌类型会形成一定的局部环境或微环境，从而改变植被的地带性分布规律。因此，民居绿化植物的生态分区应以整体自然景观中的局部差异为基础。

（4）遵循地区各区域的民居文化及居民需求的原则：民居绿化植物区划是为居民的居住环境建设服务的，因此，区划工作应以居民的民居文化及居民需求为主要参考开展。与以往植物区划的原则相比，本区划的各项原则不仅考虑了环境要素（如气候、土壤等）和植被景观的自然分异特点，而且还充分考虑了地区的民居文化、民居院落空间的基本需求和地区植物的实际应用。

2. 区划的分级标准与命名方法

地区民居树种区划能反映植物资源在空间上的规律，为了实践应用方便，分级不宜过多，可将区划分为2~3级。本区划将黄土高原民居树种分为3级：地区、亚地区和区。

第1级　地区：植被区域，例如森林区；

第2级　亚地区：气候带+干湿分区+植被区，例如暖温带湿润半湿润森林区；

第3级　区：地理位置+地形地貌+民居绿化区，例如晋中山地台地民居绿化区。

3. 植物种类选择的依据

（1）生态适应性。植物对生态因子的要求都有一定的范围和耐性限度。如前所述，温度、降水及其组合和土壤条件等是影响植物生长分布的主要因子。在所有的生态因子中，水热条件的地带性分布是影响植物生长分布的最主要因子。因此，在选择地区民居绿化树种时，要综合考虑最冷月均温、最热月均温、年均降水量等气候因子，其他生态因子则作为参考，根据植物物种耐性限度与生态因子相匹配的原则，选择适宜的地区民居绿化树种。

（2）物种特性。以往在生态建设或生产实践中选择植物物种时，或单方面强调物种生态特征，或片面强调物种经济价值，但在民居绿化时所选择的植物种类应具备以下特点：①具有一定的经济价值；②管理粗放；③生态特性良好。

（3）遵循地区民居文化及居民需求。在植物种类选择时应充分考虑地区的民居文化、民居院落空间的基本需求和地区植物的实际应用。

2.3.2 黄土高原民居院落常用植物区划结果

根据民居绿化植物区划原则，参考黄土高原地区已有植被和气候的区划研究，针对民居绿化特点，考虑树种对水、热条件的生态适应，选取最冷月均温作为主要划分指标，年均降水量、最暖月均温等作为辅助划分指标，对该地区进行民居绿化植被区划，气候指标范围如表2-1所示。

黄土高原民居绿化植物区划气候指标范围 表2-1

代码+分区	最冷月均温（℃）	最热月均温（℃）	年降水量（mm）	土壤
ⅠA暖温带湿润半湿润森林区	−3～0	23～29	500～650，山地达700～800	褐色土
ⅡA暖温带半湿润半干旱森林草原区	−13～−7	19～24	400～500，山地达600	黑垆土
ⅡB中温带半干旱典型草原区	−9～−7	22～24	300～450，山地达500～600	轻黑垆土淡栗钙土
ⅡC中温带干旱半干旱荒漠草原区	−13～−8	18～25	200～300，山地达400～500	灰钙土棕钙土
ⅢA中温带干旱草原化荒漠区	−12～−10	23～24	<200，山地达400左右	漠钙土

黄土高原可以划分为3个一级区、5个二级区和11个三级区。其中，第1级分区叫地区，以植被反映的生物气候为依据，分为森林、草原和荒漠3个地区；第2级分区叫亚地区，从宏观上反映黄土高原从东南向西北的水热气候和绿化树种类型的分布；第3级分区叫区，主要根据地区的地形地貌、干湿分区、相应的植物群系组合和区域界限分为11个区（图2-1）。

1. ⅠA暖温带湿润半湿润森林区

（1）ⅠA-1汾渭盆地豫西民居绿化区：本区位于全区的东南角，其北界在黎城、灵石、韩城、富平、宝鸡一线，包括秦岭北麓、关中平原、晋东南和豫西北等地。其年降水量500～700mm，干燥度1.3～1.5，年平均温度12.5～14.5℃，大于或等于

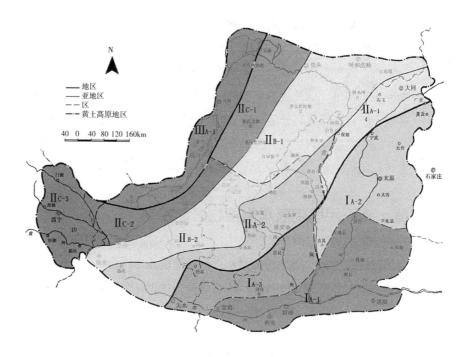

I 森林区
I_A暖温带湿润半湿润森林区 I_{A-1}汾渭盆地豫西民居绿化区 I_{A-2}晋中山地台地民居绿化区 I_{A-3}渭北子午岭残垣丘陵沟壑民居绿化区
II 草原区
II_A暖温带半湿润半干旱森林草原区 II_{A-1}雁北丘陵山地民居绿化区 II_{A-2}陕北陇东丘陵沟壑民居绿化区
II_B中温带半干旱典型草原区 II_{B-1}鄂尔多斯中东部风沙冈梁民居绿化区 II_{B-2}宁南陕北黄土丘陵沟壑民居绿化区
II_C中温带干旱半干旱荒漠草原区 II_{C-1}鄂尔多斯西部沙地民居绿化区 II_{C-2}同心皋兰黄土丘陵民居绿化区 II_{C-3}湟水黄河河谷山地民居绿化区
III 草原荒漠区
III_A中温带干旱草原化荒漠区 III_{A-1}银川、贺兰山和鄂尔多斯高原西缘民居绿化区

图2-1 黄土高原民居常用植物区划

10℃积温4000~4900℃。它是全区最温暖、湿润的地区,植物区系和植被类型的复杂性与多样性也很明显。在这样的环境下,本区民居绿化树种不仅种类丰富,更重要的是有大量经济价值较高的种类,正好符合居民的经济需求,如关中的柿树、板栗,秦岭北麓的香椿、猕猴桃、泡桐、楸树、梓树等。

(2)I_{A-2}晋中山地台地民居绿化区:本区相当于吕梁和太行之间、汾河中上游晋中地区。自东向西包括灵丘、五台、忻州、太原、介休、石楼和吉县等地。区内年均温度8~12℃,年降水量450~550mm,大于等于10℃积温3000~3500℃,6~8月平均气温20~23℃。本区多山,山地高程一般在2000m以上,东西山地之间有宽阔的汾河谷地和星散分布的山间盆地。海拔1000m以下可种植苹果、白梨、李、核桃、枣树等温带果树。

(3)I_{A-3}渭北子午岭残垣丘陵沟壑民居绿化区:本区地处森林区北缘,东至黄河,南邻关中盆地,西至天水葫芦河以东;包括延长、宜川、甘泉、富县、铜川、长武、泾源、张家川和天水等地。区内年降水量500~600mm,年平均温度

8～12℃，大于或等于10℃积温3000～3500℃，由南向北有所降低。自然植被的落叶阔叶林以辽东栎、油松、山杨、白桦等树种为主。

2. Ⅱ_A暖温带半湿润半干旱森林草原区

本亚地区是草原地区东缘与森林地区之间的过渡带。其西北界相当于河曲、保德、偏关、神木、榆林、靖边、吴旗、华池等地相连的长城内侧一线，向西延至榆中、临夏。本亚区年均温度8～9℃，大于等于10℃积温2500～3200℃，干燥度1.4～2.2，宜种植树种少于森林地区。有些不耐干旱的树种，如泡桐、楸树、梓树、板栗、香椿、栓皮栎、柿树、核桃等不宜栽种，但杨树、柳树、榆树、槐树和辽东栎、油松、侧柏以及果树中的苹果、海红豆和枣树等，在民居院落中通过人为干扰能够生长良好。

3. Ⅱ_B中温带半干旱典型草原区

本亚地区位于森林草原亚地区以西，包括陇东、陕北、宁南和鄂尔多斯的部分地区。区内以长城内侧的风沙线为界分为南北两区，南部为黄土丘陵草原区，梁冈起伏，局部有沟谷切割；北部为浩瀚无垠的鄂尔多斯高原、毛乌素沙漠地区。本亚区以杨树、柳树、榆树和槐树作为基础树种，樟子松、油松、苹果、沙枣等都是适合这里且能生长良好的树种。

4. Ⅱ_C中温带干旱半干旱荒漠草原区

本亚地区位于典型草原以西，接近全区西缘，相当于鄂尔多斯西部、宁南、陇东和青东的部分地区。这一带气候更加干旱，年降水量除青东山地达400mm外，一般只有170～290mm。年均温度6～9℃，大于或等于10℃积温2300～3200℃，干燥度2.4～3.5。在这样的地区，树种仍以杨树、柳树、榆树、槐树为主，沙枣、苹果、白梨等果树也能生长良好。

5. Ⅲ_A中温带干旱草原化荒漠区

本亚地区位于黄土高原西北缘，五原、陶乐、灵武、中宁、永登一线以西，辐射和热量条件很好。年均温度7.9～9.0℃，大于或等于10℃积温2900～3200℃，可以种植苹果、白梨、葡萄等温带树种，但年降水量稀少，仅100～190mm。钻天杨、毛白杨在此生长良好。

2.3.3 不同分区的民居院落常用植物选择

黄土高原具有一定量的植物资源，可供民居院落绿化选择的植物种类也很多。考虑民居绿化的特殊性，植物种类的选择应既要考虑植物对气候的适应性，也要考虑居民的需求与习惯。因此，要在黄土高原不同地区民居绿化的调研和文献及资料整理的基础上，甄选适合各区的民居绿化植物（表2-2）。

各分区民居绿化植物 表2-2

代码+区名称	行政代表区域	民居常见绿化植物选择
Ⅰ_{A-1}汾渭盆地豫西民居绿化区	西安、宝鸡、洛阳、三门峡、运城、临汾	梧桐、泡桐、臭椿、香椿、云杉、大叶黄杨、月季、柿树、刺槐、核桃、爬山虎、毛栗、丁香、紫薇、桃、构树、石榴、地锦、丝棉木、国槐、梓树、杨树、桂花、竹子、花椒、柳树、榆树、刺梨、楸树、猕猴桃、无花果、合欢、扁柏、金银花等
Ⅰ_{A-2}晋中山地台地民居绿化区	太原、宁武、五台、吉县	枣树、杏、山楂、国槐、杨树、苹果、桃、臭椿、柿树、李、核桃、樱桃、白梨、圆柏、旱柳、榆树、云杉、油松等
Ⅰ_{A-3}渭北子午岭残垣丘陵沟壑民居绿化区	天水、淳化、富县	苹果、葡萄、泡桐、杨树、柳树、白梨、槐树、榆树、石榴、竹子、月季、丁香、萱草、菊花、梅花、葡萄、连翘、凌霄等
Ⅱ_{A-1}雁北丘陵山地民居绿化区	大同、保德	杨树、国槐、榆树、柳树、刺槐、枣树、苹果、海红豆、葡萄、臭椿等
Ⅱ_{A-2}陕北陇东丘陵沟壑民居绿化区	米脂、绥德、延安、庆阳	枣树、杨树、大丽花、夹竹桃、苹果、白梨、柏木、柳树、槐树、圆柏、葡萄、榆树等
Ⅱ_{B-1}鄂尔多斯中东部风沙冈梁民居绿化区	榆林、神木、包头、呼和浩特	槐树、桃、大果榆、葡萄、李、白梨、苹果、杏、小叶杨、旱柳、山桃、云杉、山杏、丁香、油松、大丽花、夹竹桃、圆柏、油松、冬果梨、小枣、沙枣等
Ⅱ_{B-2}宁南陕北黄土丘陵沟壑民居绿化区	临夏、盐池、定边、固原	杨树、旱柳、大果榆、槐树、沙枣、油松、樟子松、牡丹、杏、云杉等
Ⅱ_{C-1}鄂尔多斯西部沙地民居绿化区	五原、鄂托克旗	苹果、白梨、葡萄、钻天杨、新疆杨、沙枣、沙柳等
Ⅱ_{C-2}同心皋兰黄土丘陵民居绿化区	同心、皋兰、兰州	柏木、杨树、松树、冬果梨、小枣、杏、李、沙枣等
Ⅱ_{C-3}湟水黄河河谷山地民居绿化区	西宁、湟源、贵德	杨树、柏木、榆树、刺槐、樱桃、丁香、白梨、大叶黄杨、桑树、沙枣、苹果、月季、竹子、波斯菊、蜀葵、大丽花、李、石榴、牡丹等
Ⅲ_{A-1}银川、贺兰山和鄂尔多斯高原西缘民居绿化区	景泰、银川、乌海、临河	枣树（灵武长枣）、杏、刺槐、沙枣、杨树、白蜡、榆树、桃树、油松、桑树、苹果、白梨、葡萄、杏、板栗、杜梨等

2.4 黄土高原民居院落常用植物的应用频度

　　本研究的重点区域是黄土高原的半湿润区，根据区划的结果，半湿润区包括Ⅰ_{A-1}汾渭盆地豫西民居绿化区、Ⅰ_{A-2}晋中山地台地民居绿化区和Ⅰ_{A-3}渭北子午岭残垣丘陵沟壑民居绿化区三个植被亚地区。对这三个亚地区做深入详细的调研后，计算出每个亚区常用植物的使用频度，可为后续工作的展开奠定基础。

2.4.1　频度的概念

对频度的描述，可分为以下几种：

（1）频度或称频度指数（Frequency Index），是指各种植物在群落内不同部分的出现率。测定植物频度时，在群落中取大量（至少10个）小样方或小样圆（对于草本群落，常用1dm²），登记某种植物出现的次数，然后求其百分数（《地学辞典》）。

（2）频度是指群落中某种植物水平分布的均匀程度，以某种植物在群落内各调查单位（样方、样圆或小区）中出现的百分率表示。丹麦植物学家劳恩凯尔用10cm×10cm的样方，后来改为1/10m²的样圆（直径为35.6cm）进行频度调查的方法曾被广泛采用（《农业大辞典》）。

（3）频度是描述群落特征的术语，表示各种群在群落中的分布格局。频度＝某一种群出现的样方数/全部样方数，以百分率表示（《中国百科大辞典》）。

（4）频度是指某个物种在调查范围内出现的频率，指包含该种个体的样方数占全部样方数的百分比。群落中某一物种的频度占所有物种频度之和的百分比，即为相对频度（《资源环境法词典》）。

（5）频度是表达某一个物种所出现的样方数与全部样方数的百分率。假如频度为90%，即表示在100个样方中，有90个样方内有这一物种出现。在天然更新及直播造林调查中，频度对衡量更新、造林成效具有实际意义，如常以目的树种在更新样方中出现的百分率，即更新频度，作为更新的一个质量指标（《简明林业辞典》）。

（6）在生态学中，频度（Frequency）是指植物群落中各物种的个体分布特征，也就是每一种植物的个体在一定地段上出现的均匀度。各种植物的频度决定于它的生物学特性和生态习性，也决定于群落内环境条件是否一致。如以根茎繁殖的植物，大多聚生在一起，很少散开；又如群落中有一些低洼阴湿地段，就会有一些喜阴湿的植物种类聚生在这个局部的环境中。

2.4.2　频度测定方法

目前公认的测定频度的方法是由劳恩凯尔提出的。在草原群落中，测定频度常用1/10m²（1000cm²）的小样方（或用直径为35.6cm的铁丝样圈），以一定的方向或一定的距离均匀设置，或随机取样（当样方的面积为1/10m²时，样方数目以50为宜），登记每个小样方中的植物种类，编制植物名录，按式（2-1）算出每种植物的频度系数，登列入表2-3。

$$R（频度系数）\% = 某种植物出现的次数/小样方数 \times 100\% \tag{2-1}$$

植物频度系数表 表2-3

编号	植物名称	小样方号										频度系数
		1	2	3	4	5	……	47	48	49	50	

例如：在50个小样方中，甲种出现于40个样方中，其频度系数$R = 80\%$；乙种出现于24个样方中，则$R = 48\%$，依此类推。并以频度系数为10%以下（包括10%）的种，定为Ⅰ级，11% ~ 20%的为Ⅱ级，21% ~ 30%的为Ⅲ级，依此类推，总共分为10个频度级。在评定农田中各种杂草的数量和分布情况时，除了用多度等级的测定外，还常常要测定每一个种的频度。

在这里，植物应用频度指的是某种植物所出现的样方（院落）数与全部样方（院落）数的百分率。以百分率为y轴，植物名称为x轴，绘出直方图，可以更直观地看出植物间频度的对比，从而得出重点研究区即黄土高原半湿润区生长良好且受欢迎的植物种类的应用情况。

2.4.3 民居院落常用植物应用频度

民居绿化具有一定的特殊性，影响因素除了立地条件和外部生态条件外，还有家庭经济特征及居住文化。所以，民居绿化植物的使用需要了解地区民居常用植物的使用频度，这对地区民居植物的优化选择具有重要的参考价值。

本研究主要的研究区域为Ⅰ$_A$暖温带湿润半湿润森林区，研究方法采用文献调研、实地调研及问卷调查的方式，分别对Ⅰ$_{A-1}$区域内5个村落56户院落、Ⅰ$_{A-2}$区域内5个村落27户院落和Ⅰ$_{A-3}$区域内21户院落进行绿化植物统计分析及计算，依据调查分析的各区院落总数以及植物出现的次数，计算出民居绿化植物的应用频度（表2-4）。

从表2-4中可以看出，黄土高原民居绿化以经济类植物为主、观赏类植物为辅。经济类植物包含两大类：

一是果树类，如柿树、葡萄、苹果、樱桃、猕猴桃、枣树等。种植果树有一种特殊情况，即有些果树为异花授粉，如樱桃，在这种情况下，应用的简便方法就是增加种植数量，如果院落过小，没有足够的种植空间，则需要在一棵树上嫁接不同品种的枝干。

二是经济树种类，这类植物有些是木材成材快，有些是花叶或可以为人食用，或可为动物的饲料，如泡桐、杨树、香椿等。

观赏植物基本是多年生的花灌木，或以一年生花卉居多。

表2-4

黄土高原民居绿化植物应用频度分析

代码+区名称	调研村落	样方数（户）	样本院落种树种	使用频度分析
ⅠA-1 汾渭盆地豫西民居绿化区	西安南豆角村、合阳县灵泉村、咸阳大石头村；豫西南家洼村、曲村及崖底村	56	泡桐、香椿、枣树、柿树、椿、白杨树、国槐、香椿、榆树、核桃、大叶黄杨、月季、爬山虎、丁香、紫薇、桃树、枸树、石榴、竹子、柳树、刺梨、楸树、葡萄等	
ⅠA-2 晋中山地台地民居绿化区	太原北张村、大谷县东关村、清徐县西楚王村、北宜武村及孝义市北桥头村	27	泡桐、国槐、柿树、白梨、枣树、香椿、苹果、山杏、毛白杨、桃树、李、核桃、山楂、爬山虎、葡萄等	
ⅠA-3 渭北子午岭残垣丘陵沟壑区民居绿化区	延安富县姚家塬村、孙家塬村；甘肃天水秦州区天水村、安新村	21	苹果、枣树、葡萄、泡桐、杨树、槐树、榆树、石榴、竹子、丁香、梅花、白梨、杏、葡萄、连翘、凌霄等	

2.5 小结

本章在现场调研和分类梳理的基础上，深入分析了黄土高原地区的自然条件及民居院落植物的资源和现状，以黄土高原生物气候区划为基础，针对民居绿化特点，考虑树种对水、热条件的生态适应性，对民居常见植物进行了区划。并且对黄土高原东南部典型研究区域三个亚地区的民居绿化常用植物的使用频度进行了分析，目的是为后续民居院落植物种植的科学布置以及种类选择提供重要参考。

3

黄土高原民居院落种植习惯、规律及动因

　　民居院落作为农村生态系统的重要组成部分，它的营建在国内外有着悠久的历史。院落种植是传统的农耕文化和乡村固有的生活方式，空间形态各异的点状的种植院落是乡村聚落植被景观的重要组成部分，有着广泛的生态服务功能。

　　近年来，国内在民居环境研究方面，较多的学者关注民居与村落、村镇、聚落的关系，对于民居院落这个小环境的研究关注较少。形状、大小、组成各异的千百户庭园形成了农村聚落主要的植被景观，保存在农户庭园中的多种植物，可以提供丰富的产品、维系生态系统弹性，具有广泛的生态服务功能。因此，庭园植物多样性的研究和保护，受到越来越多学者特别是生态学家和民族植物学家的重视，对庭园植物多样性组成结构、影响因素和生态服务功能等方面的研究已成为当前的热点。

　　目前国内对庭园的研究多停留在庭园经济方面，对植物多样性及其影响因素和生态服务功能的研究鲜有报道，仅有的少数相关研究都侧重于植物资源保护和庭园植被配置模式等方面，因此，有必要对院落中植物的生态功能进行深入研究。但是，民居环境有其特殊性，不论何时何地，设计者都不能想当然，必须先了解居民长期以来形成的种植习惯，然后在这个种植习惯的基础上，科学调整，以达到优化生态效益的目的。

3.1 黄土高原乡村聚落特征

3.1.1 聚落形态特征

黄土高原幅员辽阔，自然生态环境差异明显。正是由于不同的地理、气候条件对应于不同的生产、生活条件，从而促进了聚落呈现出多样化的形态格局。聚落形态通常是指聚落呈现的自然样貌。

地形地貌是聚落赖以生存的地理基础。人类为了自身的生活、生产需要，就要合理地利用各种地形、地貌进行聚落布局。黄土高原乡村聚落通常分为集居型和散居型两种形态。由于地形地貌的不同，集居型和散居型聚落又有不同的聚落形状。

受农耕生产、地形地貌、气候特征等因素的影响，黄土高原乡村聚落分布特征如下：

（1）黄土塬的台塬地带，土地较为完整、平坦，所以聚落较多，而且聚落规模较大，多为集居型聚落，聚落形态多为面状或团状。

（2）黄土塬的残塬、破碎塬地带，聚落分布也相对较多，但较为分散，聚落规模较小，多为集居型聚落。

（3）黄土高原沟壑区斜坡地带聚落数量少，但聚落的规模相对较大。聚落形态以集居型为主，也有散居型聚落存在。

（4）在河谷川道地区，聚落多沿道路或河流呈线状分布，属于集居型聚落。聚落平面形态以线状（带状、条状）为主。地形破碎的山地、沟地，聚落分布最少，规模也最小，主要聚落形态为散居型聚落。

1. 集居型聚落

集居型聚落是指分布较为密集的聚落，呈现向中心集聚的特点，一般可分为团（面）状、带（线、条）状、阶梯状、围墙状等不同的聚落形状。集居型聚落一般分布在地形较为平坦的盆地、坡地、河流阶地等区域。在黄土高原地区的黄土塬区、丘陵沟壑区、河谷川道区分布着大量集居型聚落（图3-1）。

（1）团（面）状聚落：团（面）状聚落平面多是接近于圆形或不规则的多边形，多分布在平原和盆地等相对开阔的地段。

（2）带（线、条）状聚落：这类聚落随地势、地形或流水、道路方向顺势延伸或环绕成线，根据聚落所环绕的对象不同，又分为"临沟"和"滨水"两种。

（3）阶梯状聚落：黄土高原地区分布较为普遍的窑洞聚落是阶梯状聚落的主要代表。生活在这里的人们利用地形地势，因山就势建造窑洞，对大自然景观的破坏最小。窑洞一般顺应地形的等高线面向南而建，有两层或多层，由此形成阶梯状的聚落景观。

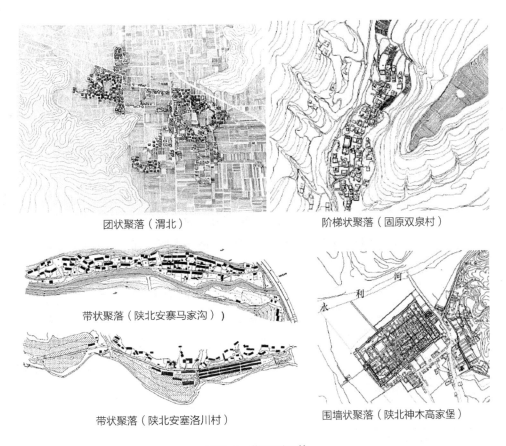

团状聚落（渭北）　　　　　　　　　阶梯状聚落（固原双泉村）

带状聚落（陕北安塞马家沟）

带状聚落（陕北安塞洛川村）　　　　围墙状聚落（陕北神木高家堡）

图3-1　集居型聚落

（图片来源：王军．西北民居［M］．北京：中国建筑工业出版社，2009．）

（4）围墙状聚落：此类聚落专指具有防御功能的寨堡或军事聚落，一般会以城墙环绕聚落周边。根据地形的不同，围墙状的聚落平面形态也不相同，有方形、圆形、不规则多边形等。

2. 散居型聚落

散居型聚落是指居民分散聚居在各地的聚落形态，也将其称之为散布在地表上的民居，与上述的集居型聚落形成对比。它多由于地形、地貌的影响，分布在较为破碎、起伏较大的地区。聚落规模、密度较小，也较分散。在黄土高原山地沟壑区，散居型聚落较为常见（图3-2）。

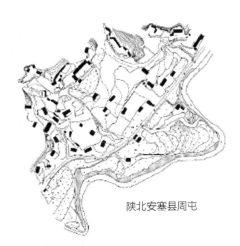

陕北安塞县周屯

图3-2　散居型聚落

（图片来源：王军．西北民居［M］．北京：中国建筑工业出版社，2009．）

黄土高原地形地貌复杂多变，因此产生了不同的聚落形态。也正是由于各地气候、地貌等的不同，使得民居的平面布局、结构、外观和内外空间处理也不同，而这种差异性是形成黄土高原乡村聚落地方特色的关键所在。

3.1.2 聚落文化特征

黄土高原文化副区是中华文明的发祥地之一，也是宋以前中国政治、经济、文化的中心。这里的传统经济类型是农耕，主体民族为汉族。经过数千年的文化发展历程，表现为一种多元化的文化结构，是牧、猎文化与农耕文化经过长期的融合后所产生的文化。在这个融合中，经济形式的多样化起着决定性的作用，而经济形式的多样化又源于多部族的融合。例如，黄土高原北部接近内蒙古草原地区，受草原文化的影响较大；而黄土高原东部及南部，则主要受农耕文化的影响。

因此，黄土高原地区的文化特征既区别于华夏的农耕文化，又区别于其他游牧游猎部族的牧猎文化，有着自己多方面的特点。黄土高原千沟万壑、苍凉而贫瘠，生活在这里的人们利用地形地貌和丰厚的黄土层，营建了极具特色的"黄土建筑"——窑洞。该地区建筑文化的典型代表是窑洞文化。威风锣鼓、陕北民歌和民间剪纸都是黄土高原文化的表现形式。

3.1.3 聚落经济特征

现代乡村聚落已经不同程度地进入了多元复合经济状态。黄土高原一些地区生产方式单一，农业耕种依旧采用落后的生产方式，粗放耕种，广种薄收。人们的生活质量相对偏低，文化也偏于粗犷豪放，宗法礼制的影响较弱。

黄土高原相对发达的地区农业生产方式先进、商业繁荣、经济发展水平较高，人民生活及教育水平也相应较高。这样的地区乡村聚落的经济结构相对多样化，而且随着生产、生活水平的提高，人们的消费观念、价值观念也逐渐与城里人接近，人们对自己居住房屋的规模、功能、舒适度的要求也有所提高。

3.1.4 聚落生态特征

黄土高原地区传统民居包括窑居和房居两种形式。

黄土高原窑居即窑洞（图3-3），是利用地方材料建造房屋的典型代表，窑洞不仅节省木材，而且黄土层具有良好的蓄热、隔热性能，冬暖夏凉，在黄河流域的寒冬，能起到良好的御寒作用，还可以节省取暖所必需的却又十分短缺的燃料。

黄土窑洞多因地制宜，主要分布在黄土高原的山脚、山腰，冲沟的两侧及黄土塬上，构成形式多种多样，是人工与自然的有机结合，居住环境好像是大自然的延续。由于是依顺山势、利用沟坡地带居住，不仅将可耕种的土地留给了农田，还起到了节地的效应。

　　黄土高原房居主要分布在河谷平原区，房居也同样存在一批与自然环境相协调的传统民居，如陕西关中四合院和关中窄院（图3-4）。这些建筑形式在生态上，如日照和雨水的干预方面也有着一定的优势。

靠崖窑　　　　　　独立窑　　　　地下院落内景　　地下院落入口

地面上俯瞰院落

下沉窑

图3-3　窑洞民居

关中四合院

狭窄庭院

A视点

院落平面图　　　　A视点庭院现状图

关中窄院

图3-4　关中地区传统房居

但是，随着农村生产力的提高，农村经济状况正在逐步改善，开始富裕起来。现代农业生产和农村生活方式也给农村带来新的发展契机。当前，农村居住形态开始转变，集约化、规模化的农村居住社区将成为新的发展方向，而材料的更替则决定了建筑结构与风格的变化。

目前，传统材料因无法获得、不愿使用等原因已不再使用，人们出于省钱目的多选用较低等级的现代建筑材料。新型民居的形成在乡村聚落生态环境可持续发展中存在一系列的问题。

3.2 黄土高原民居院落空间环境

3.2.1 建设用地及住宅建筑形式

村民住宅用地包括村民独立使用的住房和附属设施以及其户间间距用地、进户小路用地，不包括自留地和其他生产性用地。对于本研究的典型区域，各地现行的住宅用地标准如下：

（1）陕西农村宅基地面积的标准：平原地区每户不超过133m²（2分地），川地、塬地地区每户不超过200m²（3分地），山地、丘陵地区每户不超过267m²（4分地）。

（2）山西农村宅基地面积的标准：平原地区人均耕地在670m²以下的，每户用地不得超过133m²；人均耕地在670m²以上，在平川地区建住宅的，每户用地不得超过200m²；在山坡薄地上建住宅的，可适当放宽，但最多不得超过266m²。

（3）河南农村宅基地面积的标准：城镇郊区和人均耕地在667m²以下的平原地区，每户用地不得超过134m²；人均耕地在667m²以上的平原地区，每户用地不得超过167m²；山地、丘陵地区每户用地不得超过200m²（表3-1）。

从表3-1中可知，山西和陕西住宅用地标准基本一致，河南人均耕地667m²以上的平原地区和山地、丘陵地区则相对偏少。

三省住宅用地标准对比　　　　　　　　　　　　　表3-1

省区	地区类别	用地标准	备注
陕西	平原地区	133m²（2分地）/户	
	川地、塬地地区	200m²（3分地）/户	
	山地、丘陵地区	267m²（4分地）/户	
山西	平原地区	133m²/户	人均耕地在670m²以下
	平川地区	200m²/户	人均耕地在670m²以上
	山坡薄地	266m²/户	

续表

省区	地区类别	用地标准	备注
河南	城镇郊区、平原地区	134m²/户	人均耕地在667m²以下
	平原地区	167m²/户	人均耕地在667m²以上
	山地、丘陵地区	200m²/户	

由于本研究选择平原、川地、塬地地区的村落作为主要研究对象，所以，院落面积基本都在133~200m²。对于个别在老宅基地上翻新的住宅，院落面积有所偏大，近267m²。

近年来，新型民居多为砖混结构，其外墙为二四砖墙，建筑层数为1~3层不等。因黄土高原地区干旱少雨，为满足一些生活上的需求如晾晒农作物或其他东西，该地区砖混民居多以平屋顶为主（图3-5）。

砖混民居屋面构造分为平屋面和坡屋面两类。平屋面材料多为钢筋混凝土预制板，多数没有设置保温层和隔热层。坡屋面材料多为瓦。

陕县石塬村

陕县凡村

晋中民居

陕西党家村

图3-5 研究地区新型民居形式

3.2.2 院落形式

所调研的院落的宅基地大小范围为2～4分地（133～267m²），其中3分地（200m²）宅基地居多。3分地（200m²）院落的常见尺寸为10m×20m模式，也有部分院落受用地条件的限制而采取面宽5～6m、进深达40m的特殊桩基形式。宅基地越大，院落的形式就越多样。

研究区域的院落基本分为以下几种形式。

1. 前院式（南向院）

庭院布置在住房的南向，有避风向阳的优点，满足了冬季日照的需求。但在炎热的夏季，需适当遮阳。南向院的生活院与杂物院混在一起，环境卫生有时会受到影响（图3-6）。

2. 后院式（北向院）

这种院落入口有两种形式，一种是从院落的北侧进入，如图3-7（a）所示；另一种是从住房一侧进入。庭院布置在住房的北向，优点是住房朝向好，院落比较隐蔽与阴凉；缺点是从住房一侧进入的北向院落的住房邻路，易受室外干扰。且夏季天气炎热，住宅室内温度会受临街路面反射和太阳直射度的双重影响，舒适度较低，需要借助空调降温，如图3-7（b）所示。

3. 前后院式

前后院式是研究区域内普遍的布局形式。这种院落的产生与该地区进深较长的宅基地形态是分不开的。

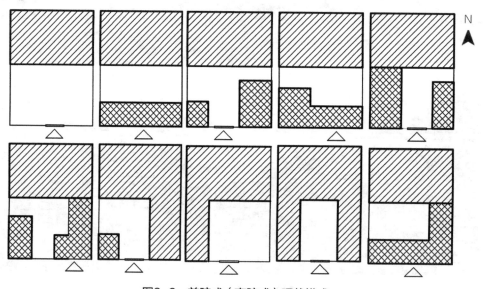

图3-6 前院式（南院式）现状模式

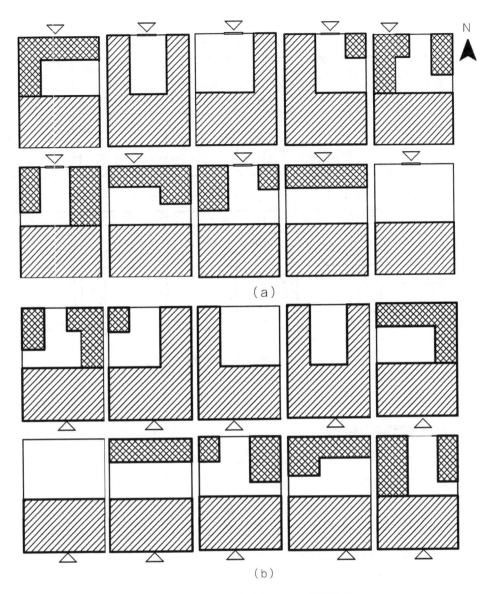

（a）

（b）

图3-7　后院式（北向院）现状模式

（a）北侧进入；（b）住房一侧进入

　　前后院式布局形式既体现了中国传统哲学思想的理念，同时又满足了住宅安全性的要求。这种空间布局形式最大限度地把户主的所用土地"圈到"了自己的私人空间之内（图3-8）。

　　前后院的划分可使院内的厅房和正房得到充分的光照，而且这种划分形式使院落空间的使用更加经济、方便和卫生。庭院被住房分隔为前后两个部分，形成了生活和堆放杂物的场所。南向院子多为生活场所，北向院子为堆放杂物场所，功能分区明确，适合在宅基地宽度较窄且进深较长的住宅平面布置中使用。

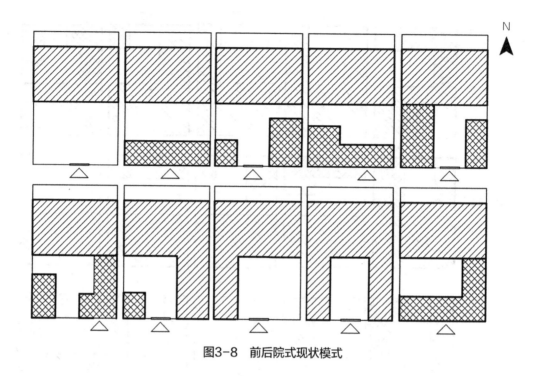

图3-8　前后院式现状模式

3.2.3　院落空间分级

1. 半公共空间——入口空间

在院落之间、院落与道路之间，存在一段属性模糊、具有弹性的半公共过渡空间。它不属于私人所有，但常常被各院落住户占有，与用于公共交通的空间有所区别。内向封闭的院落与街道通过院门相联系，它是主人进出的通道，主人对院门外过渡空间的控制强度大于没有设置出入口的过渡空间，二者的构成和空间形态也有所区别。

过渡空间增加了空间的层次和变化，它的出现源于产权属性的不明晰，在没有严格确定边界的老城区的街巷、乡村中常常可以见到。乡村与自然环境关系更为密切，在过渡空间中经常可以见到自然的石块、植被。乡村院落自给自足的生产方式，在过渡空间中表现为见缝插针种植蔬菜、喂养牲畜，用枝条编织栅栏、石块堆砌种植池和牲畜圈，这构成了过渡空间的景观（图3-9）。

2. 半私密空间——院落内部活动空间

在调研中发现，黄土高原地区宅院面积大部分都在300m²以下，有133m²（2分地）、167m²（2.5分地）、200m²（3分地）及267m²（4分地）多种。个别院落由于特殊原因会偏大，因为是特殊情况，因此不属于本研究范围之内。

院落内部活动空间的环境不尽相同（图3-10），居民的喜好不同，院落的使用方式也有所区别。例如，生产功能占主要时，院落内部活动空间常采用硬化铺装地面，方便生产操作；若以储藏功能为主时，院落内部会有些杂乱，环境较差。若以休闲娱乐为主的院落，美学功能占主要，会有尽可能多的景观要素，如山石、水体、植物等。总之，院落内部空间环境的好坏与院落的使用功能紧密相联。

图3-9　民居入口空间环境

图3-10　院落内部空间环境

3. 私密空间——民居建筑室内空间

居住建筑的室内空间由客厅、卧室、厨房、餐厅等基本空间组成，其中，私密性较强的卧室是一种较为隐蔽的空间，而所有的家庭成员则可以在客厅进行各种活动。根据实际调研发现，在黄土高原大部分民居建筑室内空间的基本构成中，没有单独的客厅空间，客厅与卧室往往融合在一起。所以，对于这些空间，私密性会更加强烈，通常是重要或亲近客人的接待空间。

3.2.4 院落类型

1. 独立式院落

独立式院落是指独门、独户、独院，不与其他建筑相连，与其他住户具有一定间隔，有自己独立建筑墙体的院落。这种院落的特点是居住环境安静，户外干扰小，建筑四周临空，呈自由布局的形式。这样的院落平面布局形态和建筑形式享有最大的自由，对地块形状和日照的适应性强，朝向、通风、采光均较好。

独立式院落进深和面宽形式多样，整体空间环境和可利用的资源丰富，空间改造的限制因素较少，庭院空间开放性较大，可根据生活和家庭副业的不同要求进行布置。独立式院落的缺点是占地面积大、建筑墙体多、公用设施投资高。

2. 集中式院落

集中式院落为独户住宅组合构成的庭院式院落，相邻住宅建筑会有共用的墙体，主要存在以下两种形式。

第一，两院落并联式。并联式是指两栋住宅建筑并联在一起，两户共用一面山墙。并联式建筑物三面临空，平面组合比较灵活，朝向、通风、采光也比较好，用地和造价较独立式经济一些。

第二，多院落联排式。联排式是指将三户以上的住宅建筑进行拼联，不宜过多，否则建筑物过长，前后交通迂回，干扰较大，通风也受影响，且不利于防火。一般而言，建筑物的长度以不超过50m为宜。这种集中式住宅对土地面积要求相对较低，节约用地，兼具独立式院落的优点，但对日照的适应性较差，一般呈线性，沿街或道路表现为"大进深、小面宽"。联排式院落空间整体上统一，但每个独立的院落空间又是多样的。

集中式院落的组合方式，与东、南、西、北四个方向的大门，以及相邻道路、院落内房屋的朝向方位密切相关。院落间的纵向并置和横向串联可以产生多种组合方式（表3-2）。

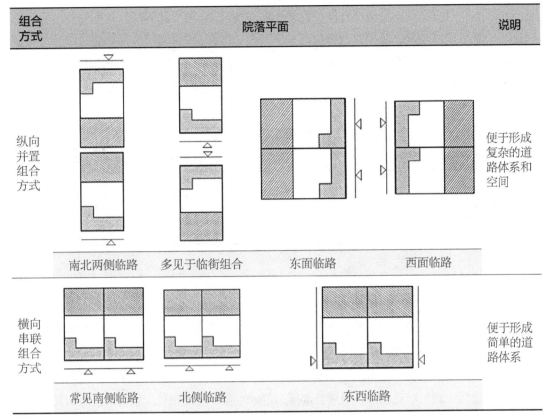

组合方式	院落平面				说明
纵向并置组合方式	南北两侧临路	多见于临街组合	东面临路	西面临路	便于形成复杂的道路体系和空间
横向串联组合方式	常见南侧临路	北侧临路	东西临路		便于形成简单的道路体系

院落组合方式　　　　表3-2

3.3 民居院落种植习惯

在民居院落种植中，各地民居院落种植植物的种类、品种及种植模式和形式存在着一定的区域性，这种区域性的种植特点常被称为民居院落中居民的种植习惯。

植物在景观设计中能充当众多角色，一般在室外环境中发挥三种功能，即建造功能、环境功能和观赏功能，一株植物或一组植物，通常同时发挥至少两种或两种以上的功能。而对于民居院落这种特殊的种植空间来讲，植物的功能不仅仅局限于以上三种功能，还包括经济功能、文化功能。

经济功能，主要是指植物本身的各个组织，经过一定时间的生长发育后，能够产生一定的经济收入或便利的生活资源。在涉及经济功能时，植物的种类和经济价值是重要的参考因素。

文化功能，主要是指院落中的植物可表现农耕文化，可具有吉祥如意的象征意义，也可托物言志、营造诗歌意境。植物的种类、种植位置、体量和色彩等是文化功能实现的重点考虑因素。

环境功能，是指植物可影响院落的空气质量，调节微气候。

观赏功能，主要是指植物可基于大小、形态、色彩和质地等特征，充当视线的焦点，从而满足居民的视觉需求。同样，在院落中一株植物或一组植物，可同时发挥几种功能。院落种植功能与一般意义的景观设计中的植物功能比较见表3-3。

两种功能分类比较 表3-3

	经济功能	文化功能	环境功能	观赏功能
建造功能				
环境功能			*	
观赏功能				*

3.3.1 习惯一：经济价值观

（1）种植果树。庭院种植果树，既有绿化美化作用，又能品尝新鲜、绿色安全的果品，同时还能增加经济收入。

为了使庭院果树达到既能观花、观果，又能品尝果品的效果，就要注意树种的选择。对于居民来讲，一般会选择一些耐性强、花期较长、果实采摘时间长、开花结果早、病虫害少、管理简单的树种，这便促成了种植习惯的形成。在黄土高原地区，因长期的庭院种植经验积累，筛选出了一批适宜该地区庭院的果树种类，如石榴、柿树、葡萄、枣树、白梨、苹果、山楂、杏、桃树、李、核桃、栗子、枸杞、樱桃等。

（2）种植某个器官可食用的植物。刺槐的花、榆树的榆钱、香椿的叶、柳树的柳芽等均可食用。

（3）种植其他经济价值高的植物。黄土高原地区普遍种植的泡桐、楸树、杨树、柳树、榆树、槐树等都有相应的高经济价值。如杨树中的加杨，其木材轻软、纹理较细、易加工，可作为建筑、造纸、火柴杆、包装箱等用材。在晋北五台县，传统民居讲究前槐后榆，栽杨植柳会不吉祥，而如今，人们更注重植物的经济价值，新建庭院中栽种北京杨和加杨的比比皆是。

3.3.2 习惯二：文化价值观

1."风水文化"

在黄土高原地区，有些村落地坑窑院植物种类的选择与主人的生辰八字、住宅的八卦方位等因素相结合，形成了一套具有完整"风水"逻辑体系的植物"风水文

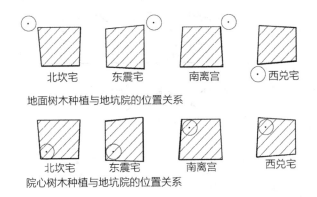

地面树木种植与地坑院的位置关系

院心树木种植与地坑院的位置关系

图3-11 豫西地坑院植物位置关系

（图片来源：赵伟霞，唐丽，吕红医.地坑院窑皮空间的构成及其影响因子解析——
以陕县凡村地坑院窑皮空间研究为例 [J]. 建筑学报，2010（S1）：80-83.）

化"。如在河南陕县凡村的地坑院，院心的方位选择是依据主家的生辰八字来确定的，而植物的种植位置及种类的选择又均与院心的方位和"风水"有关，不能随意种植（图3-11）。在凡村，阳性的泡桐和梨树、阴性的杨树和榆树应用极为广泛。

2. 象征寓意

（1）植物与吉祥语的谐音寓意

黄土高原地区常用的民居树种，如石榴、香椿、臭椿、槐树（国槐、刺槐）、桂花、枣树等均有寓意。石榴象征多子多福；椿树被视为长寿之木；槐树则被认为代表"禄"；桂花取其谐音"贵"，寓为富贵，在陕西关中民居内偶见种植。

陕西关中传统庭院狭窄，只以几株花草作点缀，有些大型庭院也偶有植树的，但只在墙角处对称种植两株梧桐，寓意"家有梧桐招凤凰"，以梧桐为吉祥。枣树适宜黄土高原栽植并以"早子"谐音寓意吉利，多种植于庭院。其冬日落叶后的瘦枝硬节颇能象征北方人耿直、淳厚的性格，春日的枣花是上好的蜜源，秋日红枣挂满枝头，点缀了庭院。

在陕北的院子里一般喜在房前种榆树，房后种槐树，偶尔种植皂角、香椿等树。因榆荚称"榆钱"，"榆""余"谐音，象征家中财源兴旺。槐荚多籽，"槐籽"与"怀子"谐音，象征子孙昌盛。俗话说"前榆后槐，必定发财"。

豫西有"前梨树，后榆树，当院栽棵石榴树"之说。因为"梨"与"利"同音，榆树称为金钱树，石榴多籽（子），均有吉祥之意。门洞旁栽一棵大槐树，谓之"千年松柏，万年古槐"，寓意幸福长久安康。除了树木，还有一些有寓意的花木应用在黄土高原地区的民居院落中。在甘肃大水的传统民居中，如南北宅子、杨家宅子等，一般多选用牡丹、月季、丁香、萱草、菊花、梅花、葡萄等寓意吉祥美好的植物，以突出这些植物的象征意义（表3-4）。

黄土高原常用的具有象征意义的植物　　　　　　　　　　　　表3-4

树种	寓意	种植位置
国槐	科第吉兆的象征； 槐荚多籽，"槐籽"与"怀子"谐音，象征子孙昌盛； "千年松柏，万年古槐"，寓意幸福长久安康； 槐树被认为代表"禄"，"前榆后槐，必定发财""门前一棵槐，不是招宝，就是进财"	院门前、屋后
石榴	籽多，象征多子多福	房前屋后均可种植
枣树	与"早子"谐音，寓吉利； 常与栗子树组合，谐音"早立子"	房前、院门前
香椿、臭椿	被视为长寿之木，属吉祥	常见于院落的一角
桂花	取其谐音"贵"，喻为富贵	入户门两侧，取"植贵"之意
榆树	榆荚称"榆钱"，"榆"与"余"谐音，象征财源兴旺； "前榆后槐，必定发财"	屋前
竹子	是君子的象征	常见于院落四周
白梨	"梨"与"利"同音，是吉利的象征	常见于地坑院院心
梧桐	谚语有"家有梧桐招凤凰"，故以梧桐寓意吉祥	常见于院落的一角
牡丹	牡丹有美色和美誉，寓意吉祥	房前

（2）植物有民俗忌讳

"住宅四角有森桑，祸起之时不可挡"，如在豫西黄土高原地区有"前不栽桑，后不栽柳，房前屋后不种鬼拍手（杨树）"的忌讳，"桑"音同"丧"，地坑院中不能只栽一棵树，因为有"困"的寓意。在青海东部黄土高原地区的一些院子忌讳种杏，认为杏代表"苦"。

总之，"风水"源于人们对美好生活环境的追求，对于民居绿化来说，植物的"风水"因素从古至今都一直存在，在黄土高原地区，虽然多见于传统民居，但是，在现代民居中也有传承和延续。

3.3.3 习惯三：观赏价值观

在民居绿化中，居民的个人审美同样对植物的选择起着重要的作用，基本上存在两个方向。

一是针对观花植物，即对一年生、二年生、多年生露地花卉及观花灌木和乔木的选择。个人对于花色、花香、花型、花期的喜好不同，选择的种类也不同。在黄土高原地区应用的观花种类有波斯菊、百日草、一串红、万寿菊、凤仙花、蜀葵、羽衣甘蓝、万寿菊、美人蕉、大丽花、牡丹等。

二是对外来物种的选择应用。如今，快速城镇化带来了乡村的一系列发展，包括人们的审美变化。在民居绿化方面，出现了外来植物"入侵"的现象，即在居民们的眼里，一些城市应用的植物是"美"的，即使增加管理成本也要种植在院落里观赏。在黄土高原东南部，乡村院落内种植着如棕榈、女贞、紫叶李、广玉兰、桂花、龙爪槐等非本土树种。

3.3.4 习惯四：环境价值观

民居院落是居民生产生活、休闲娱乐的主要空间，舒适度是院落生活追求的目标之一。黄土高原东南部夏季炎热、冬季寒冷，夏季有遮阴的需求，所以，居民一般在考虑以上三种主要价值的同时，会兼顾营造夏季舒适环境的可能性。对植物种类的选择就是主要考虑的因素，如冠大叶浓，遮阴效果好；病虫害少，适宜在树下休憩活动；选用落叶植物，冬季不影响院落的日照；管理简单粗放等。

以上四种种植习惯是居民在进行院落种植的主要倾向，并且由于植物存在季节性变化，四种价值观并不一定全部存在，但至少两种或两种以上会同时存在。

3.4 影响民居院落种植习惯的主要因素

民居院落的种植其实是文化与自然环境高度融合的景观综合体。其种植习惯（种植规律）的形成除了受生态地理、立地环境因素影响之外，还受社会经济、文化，尤其是民居社会经济特征等的影响。

对于研究区域院落种植的主要影响因素，依据调研村落的现状情况进行简单梳理分析后，总结出以下几个方面。同时，为了更好地阐述清楚其影响因素，本研究选择了典型研究区域的典型村落——西安南豆角村，理由是该村落涵盖的影响因素较全面，利于深入分析。

3.4.1 外部生态环境

植物的生长发育过程，除了受自身遗传因子的影响外，还与环境条件有着密切的关系。无论是植物的分布，还是生长发育，甚至外貌景观都受到环境因素的制约。每种植物的个体在其生长发育过程的每个环节都对环境有特定的需要，它们在长期的系统发育中，对环境条件的变化也产生各种不同的反应和多种多样的适应性，即形成了植物的生态习性。因此，合理地栽培和应用植物，首先必须满足植物生长对生态环境的要求，才能保证其正常生长。

院落植物的多样性、分布及组成结构受海拔、降雨、气候带、土壤类型、土地利用及周围景观等外部生态环境的影响。其中,气候及周边可用自然资源对院落植物分布的影响比较明显。在所有的气候因子中,水热条件地带性分布是影响植物生长分布的主要因子,水热条件好的地区植物多样性一般较高。一般来讲,潮湿地区的物种数量和结构比干旱地区更多更复杂。在偏远的临近自然植被的农村地区,院落植物在结构组成上具有一定的近自然性,因为其可以利用临近丰富的自然资源。院落植物多样性一般随海拔增高、旱季增长、离城市距离增加而降低。

黄土高原地区是我国文明和农业的起源地,同时也是我国温带果树栽培最早的地区。果树产品还能提供一定的燃料和饲料,对节省能源和从事多种经营也有一定的作用。所以,受背景环境的影响,研究区域的果树种植比例占大多数。而且,对于品种的选择也不尽相同。果树的生长发育和地理分布主要受自然条件的控制,即取决于气候、土壤、地貌、植被等自然要素的综合影响。依据黄土高原地区果树区划,对于典型研究区域,果树品种的分布有着明显的区域性(表3-5)。调研中发现,民居院落的种植种类也基本遵循此分类。

黄土高原东南部典型研究区域的果树分区

表3-5

分区	主要品种	分布地区及特点
关中晋南豫西	苹果	本区各地均适合生长,但以山麓地带和黄土台地最为适宜,如陕西眉县、周至、蓝田、三原、西安、宝鸡、渭南和河南灵宝、偃师、新安等地
	白梨	本区栽培最悠久的果树,大多位于沿河沙地和沟地
	柿树	主要产于秦岭、伏牛山北麓及中条山的低山丘陵、洪积扇后缘及各地的黄土丘陵、台地,并多种植于村落附近
	杏	栽培非常普遍,品种繁多。良种有晋南黑枝杏、豫西仰韶黄杏、华县大接杏、三原曹杏、礼泉大接杏等
晋东南	白梨	高平、晋城
	山楂	高平、晋城盆地周围各县
	苹果	秦冠苹果在本区非常适宜
渭北晋西	梨树	主要分布于渭北高原西部和陇东,以彬县、陇县、耀县和泾川为主要地区
	苹果	本区适合大多数品种生长,主要分布于洛川、陇县、铜川、彬县、淳化等
	枣树	本区栽培很广泛,是最适宜的庭园树种,主要分布于彬县、旬邑、耀县、泾川及吕梁山西麓永和等县
	柿树	主要集中于耀县、富平、彬县、澄城、白水、陇县、泾川、灵台等地
	核桃	主要分布于陇县、麟游、宜君、淳化、永寿等地

分区	主要品种	分布地区及特点
晋中	白梨	分布于原平、忻县、五台、代县、寿阳、定襄、阳曲、太原等地
	葡萄	主要分布于清徐、太原、阳曲、原平、榆次、忻州、太谷、水文等地
	枣树	主要分布于太谷、交城和祁县
	杏	本区的传统果树，清徐和孝义最常见，广灵、灵丘、原平、代县、忻县、五台、寿阳等地也是主要的分布地区
	柿树	汾阳和孝义

3.4.2 社会经济等外部因素

不同地区的城乡背景、农业政策、市场需求、文化传统、习俗禁忌、社会变迁等因素都会在一定程度上影响院落的植物组成。

1. 城乡背景

城乡一体化战略下的新型城乡关系，使农业和农村取得了长足的发展。在取得一系列成果的基础上，城乡关系进入了城乡融合发展的新阶段。随着城乡一体化的发展，城市化和市场化水平不断提高的地区会对种植产生一定导向作用，经济转型导致民居院落种植由传统的自给型向市场导向型转变，对庭园植物多样性影响重大，院落中观赏植物和经济类植物的比例会相应提高。经济型庭院和观赏型庭院稳步增加，外来植物"入侵"导致乡土植物的应用频度和多样性降低，这对我国城市化背景下乡村庭院植物多样性保护具有警戒意义。

2. 文化传统、习俗禁忌

各民族对花木的欣赏、栽植位置、喜好和避忌等，都有自己的习惯，已成为约定俗成的民族心理，这种文化习俗，也像遗传基因一样，代代相传。

对于中国传统建筑，在按照"周易思维"构筑对人体有益的"好气场"时，从"物物皆太极"观点出发，常常借助各种"媒介"，其中，植物是最具代表性的"媒介"。

在"风水学"中，植物分阴阳、合五行，有象征寓意。受此影响，在民居院落进行绿化种植时，对于植物的种植方位、种类、色彩、形态、数量、体量、季相及配置的均衡性都有一定的讲究。这些讲究在黄土高原地区无论是传统民居还是现代民居中，也都或多或少有所体现。

（1）植物分阴阳

"阴阳"萌发于古代先民观察天文地理的经验理论，只作为太阳日光向背的意义而出现，向日的为阳，背日的为阴。民居植物造景的"阴阳论"主要体现在植物的位置和方位上。高见南在《相宅经纂》中称："东种桃柳，西种栀榆，南种梅枣，北种奈杏，若东杏西桃，北枣南柳，栽种失宜，谓之邪淫"。

植物分阴阳具有一定的科学道理，因为植物按对光照的需求就分为阳性、阴性和中性树种。在院落中，阳性树种需要种植在住房的南面，而阴性树种则需要种植在住房的北面。所以，以上种法也完全符合树种的生态特性。

（2）植物合五行

对于民居植物配置来讲，植物对于五行的讲究主要体现在五行的相生相克和五行衍化的五色上。植物间、植物与人以及植物与环境的"相生相克"是普遍存在的。

许多谚语和诗文都是这些元素间适宜与不适宜、"相生相克"关系的经验总结。如"葡萄栽在松树旁不结果，栽在榆树旁结酸果"；孕妇宅旁不宜种植柏树，因其气味促呕；葡萄架下不宜睡卧，因气场不利于人体；"白兰屋前种，美花香气送""榆柳阴后檐，桃李罗堂前"等。对于五行衍化的五色，有"右树红花，妖媚倾家""右树白花，子孙零落"的说法。

（3）植物有象征寓意及禁忌

中国民居绿化不仅仅停留在植物的观赏和经济功能，有些民居更注重植物文化的象征内涵。同样，在流传下来的习俗文化当中，"风水学"也充分应用了植物特定的象征寓意。根据花木的生态习性、色彩、同音或谐音等，人们往往赋予花木以特定的象征意义，除了前面介绍的黄土高原地区常见的文化植物外，还有一些常用的典型植物。

忍冬，又叫"金银花"，花为金黄色和白色；枇杷，色黄如金，有"摘尽枇杷一树金"之说；紫荆叶子呈"心形"，有同心、团结之意等；枫杨因种子呈元宝状，以喻富贵；榆钱似一串串铜钱，以喻财富，又榆钱饥荒时能食，故号称"活命树"；海棠、棣棠之花比喻兄弟和睦；葫芦，有救生、多子、丰饶、福禄（葫芦的谐音）等多重含义；紫藤，有攀附向上之势，还有"紫气东来"的寓意，庭院中常见；桂花，又有"月中桂"之称，中国科举文化将"蟾中折桂"比喻为中举；石榴，美好的形姿和独特的果味使其集繁荣、多子和爱情等吉祥寓意于一身；桃树，趋吉辟邪，象征"寿"。

民俗有"门前栽棵槐，有福满满来""门前栽棵槐，不是招宝，就是进财"之说。我国古代盛传的《地理新书》上说："中门种槐，三世昌盛，槐具公卿之相"。住宅前后所植树木，有"前榉后朴"的习惯，"榉"与"举"谐音，"榉"即中举，象征荣华富贵；"朴"即仆人，后（旁）朴（仆人），有仆人伺候。住宅内外植物也有禁忌，楝树，因为楝子为苦豆，兆主人食苦果；柏树，"屋下陈尸"之意；樱花，花期短，人们把它与人生苦短、世事无常、后嗣不继联系起来，对后嗣不吉利。

民俗的忌讳原因很多，大多出于求吉心理，属于环境心理，未必有多少科学成分。

3. 社会变迁

古老而厚重的乡村文化积聚着中华上下5000年文化的精华，千百年来经历史不断冲刷而形成风格各异的村落民居，承载了丰富的文化、民俗等人文信息，传承着中国传统的农耕文化。在传统的乡村文化面前，中国城市文化呈现着另一番文化形态，两者之间存在文化势差。

改革开放以来，传统的农村社会结构和生活方式发生了颠覆性改变。农村的生活方式进入了一个传统文化与现代文化相混合的时期，千百年来形成的传统居住文化正慢慢淡化，与城市文化的势差正在慢慢缩小。这表现在院落生活中就是，对院落中植物文化的理解与重视正在逐渐弱化，开始转向追求经济的发展，经济价值观占据了主导地位。

3.4.3 家庭经济特征

家庭经济特征不同可引起庭园种植规模和植物组成的差异，这实际上可以反映家庭特殊的需求和选择偏好，有时在一定程度上显示了其家庭的社会经济地位、身份和生活方式。

首先，家庭收入对植物多样性分布格局及院落植物功能组成有一定的影响，贫困家庭倾向于种植粮食作物、蔬菜和水果等食用植物，而较富裕的家庭偏向于种植更多的观赏植物。

其次，受教育程度和职业等都会对庭园植物的安排产生影响。受教育程度会影响个人审美，它有一定的标准，即审美标准，是在审美实践中形成、发展的，受一定社会历史条件、文化心理结构和特定对象审美特质的制约，既具有主观性和相对性，又具有客观性和普遍性。所以，在民居绿化中，受生活环境、文化层次、个人喜好等影响会存在个人审美的差异。这在一定程度上影响了生活院落植物的选择，即种植习惯。

除此之外，庭院管理也是一个影响因素。一般情况下，男劳动力外出打工或负责大田生产，妇女对庭院管理投入的时间和精力较多。另外一种情况是，青年外出打工，老人们也就成了庭院的主要管理者，诸多植物管理的乡土知识和经验难以被传承，降低了植物的多样性。当劳动力稀缺时，人们更多种植多年生植物，较少种植一年生植物，由于前者相对于后者需要较少的劳动力。如果非农就业机会少，人们就会在庭院上投入更多时间，栽培植物多样性会相应提高，同时自生植物减少。

3.4.4 典型村落案例研究

研究案例选择了位于西安市长安区子午镇的传统民居与新型民居并置的南豆角村。村子位于黄土高原东南部的关中平原上，在秦岭山脚下，具有悠久的历史，是关中进入子午古道的最后一个村庄。

除此之外，南豆角村还处在2008～2025年长安区旅游总体规划的四个区中的沣峪——子午古道生态文化旅游区内。南豆角村的地理位置、经济区位和文化地位，对于民居院落种植习惯形成的影响相对全面，因此，南豆角村作为研究案例具有一定的典型性。

1. 南豆角村的自然环境特征

南豆角村位于秦岭北麓西安段，此段终年受温带大陆季风气候影响，四季分明，年平均温度受地形影响，随海拔高度的变化自南向北逐渐升高，降水量逐渐减少。这一地区常见的气象灾害与我国北方常见灾害一致，多为干旱、洪涝、大风、低温冷冻。年均气温14℃左右，有气象记录以来的最高温度超过43℃，气温极低值为-20℃左右。年平均降水量在600mm左右，多雨年份和干旱年份降水量差别巨大，最大相差在600mm左右。

南豆角村植物区系和植被类型的复杂性与多样性也很明显，而其所处的秦岭作为我国南北方、亚热带与暖温带的分界线，在区系上有许多过渡特点。

南豆角村森林以温带的落叶阔叶林为主，常见自然分布的树种为青杨、槐树、榆树、桑树、栓皮栎、香椿、皂角、楸树。除此之外，在坡脚平原地区还大量种植了葡萄、桃、杏、柿树、枣树、板栗等果树。草本植物多为农作物，野生草本植物有阿拉伯婆婆纳（灯笼草）、苜蓿、刺角菜。

在南豆角村的北坡甚至在六盘山、中条山也有不少亚热带种属成分，如香樟、乌药、五味子、木通、沙拐枣、鬼灯檠和猕猴桃等，而栓皮栎林、橿子栎林、白皮松林和华山松林等则是本区特有的类型。在这样的环境下种树种草，不仅种类丰富，更重要的是能够种树成林、种草成丛，特别是可以用一些经济价值较高的种类，兼收生态与经济实效。

由于南豆角村临近丰富的自然资源，所以院落绿化相对丰富，依据调研总结，院落中常见植物如下。

（1）上木：樱桃、柿树、棕榈、泡桐、龙爪槐、香椿、国槐、旱柳、枣树、银杏、油松、石楠、楸树、杏、白桃、侧柏、白桦、紫荆、构树、刺柏、毛白杨、柽柳、紫叶李、合欢、垂柳等。

（2）下木：蜡梅、桂花、火棘、枳、夹竹桃、正木、石榴、女贞、小叶女贞、花椒、金橘、波斯菊、鸡冠花、凤仙花、月季、半枝莲、红菊花、八仙花、狗牙根、婆婆纳、臭蒿、结缕草、千里光、苋菜、蛇莓等。

（3）藤本：地锦、佛手、葡萄、南瓜、甜瓜、葫芦、丝瓜、打碗花、金银花等。

南豆角村院落绿化有条件形成多样性和组成结构丰富的植物景观（图3-12），这些跟其外部生态环境有着密切的关系。

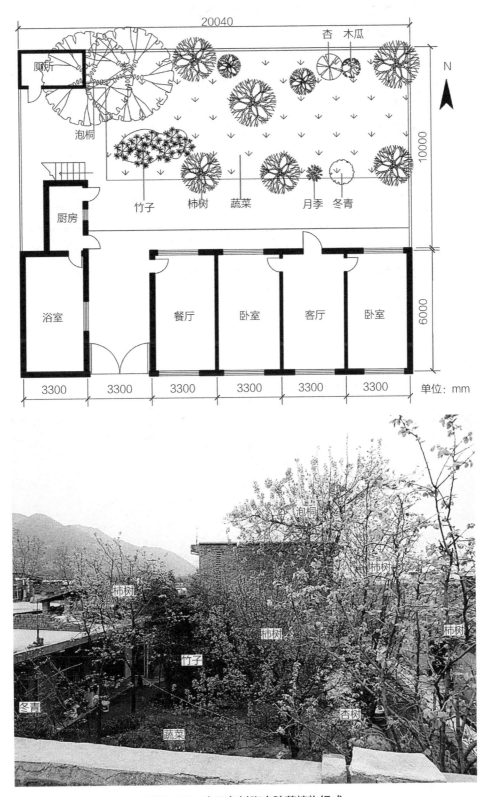

图3-12　南豆角村张家院落植物组成

2. 南豆角村的社会经济等外部影响因素概况

南豆角村整个村落占地总面积大约为0.6km²（图3-13），全村总人口约为2000人，是关中进入子午古道的最后一个村庄，至今仍保留着南、北城门楼，村南的千年柏树和社公爷石像印证了这里的古老历史（图3-14）。同时，这里也是大秦岭西安段生态保护规划中的重点保护村庄。村子处于西安市近郊，位于沣峪—子午道生态文化旅游区内，交通便利（图3-15）。

人们在此从事传统的农业耕作，这里具有悠久的农业种植历史。历史上，秦岭北麓盛产草药、枣、柿子、杏、板栗等经济作物，但是长时间以来，生产工具和生产工艺落后，产业结构相对单一，没有形成规模效益。近年来，随着人们对生活品质要求的提升，休闲经济也开始持续增长。由于南豆角村特殊的地理位置和悠久的历史文化底蕴，旅游业有了一定的发展。随着西安城区的规模扩张，村内人口结构也随之改变，农业人口正逐步缩小，富余劳动力开始增多，成为了旅游业发展的人口资源。

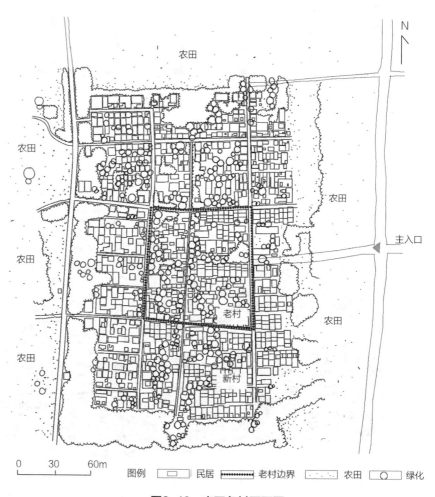

图3-13　南豆角村平面图

图3-14　南豆角村历史文化要素

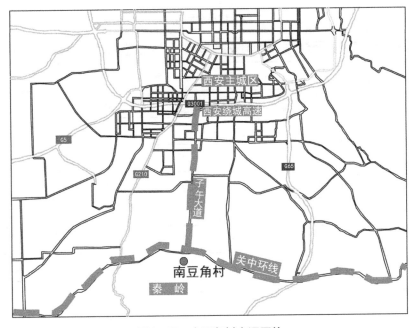

图3-15　南豆角村交通区位

受社会经济等外部因素的影响，村内民居院落种植选择中经济类植物和观赏类植物开始占据主导地位。

经济类植物：樱桃、柿树、泡桐、毛白杨、香椿、枣树、杏、桃、石榴、花椒、佛手瓜、南瓜、甜瓜、葫芦、丝瓜等，以果树、蔬菜类为主。

观赏类植物：棕榈、龙爪槐、银杏、油松、石楠、侧柏、白桦、紫荆、紫叶李、合欢、蜡梅、桂花、火棘、正木、女贞、小叶女贞及一年生草花等。其中，大部分观赏植物在老村区较少见，主要应用在新村区的新型民居院落中。

在习俗禁忌方面，部分院落对植物的象征寓意有些讲究，会选择一些有吉祥寓意的植物，如南豆角村常用的文化植物有石榴、椿树（香椿、臭椿）、槐树（国槐、刺槐）、桂花、枣树等，均引用了其象征寓意。

3. 南豆角村的家庭经济特征调研分析

对南豆角村的20户农家共68人的身份特征（表3-6）、家庭平均收入及收入来源、非农化程度等进行了详细的统计分析（表3-7），同时也统计了20户庭院的种植面积、植物组成等（表3-8）。

结果表明，全村40岁以下的劳动力仅占20.6%，说明庭院管理者基本偏老年，而且村内劳动力稀缺，导致庭院多年生植物比例增大；家庭平均月纯收入在3000元以上的比例与观赏型庭院的比例基本一致，家庭平均月纯收入在2000元以下的比例与经济型庭院的比例基本持平。这一点可以基本说明家庭收入对庭院植物的类型、组成及多样性有重要的影响。

身份特征分析表　　　　　　　　　　　表3-6

调研项目	参考因子	有效样本数（人）	特征样本数量（人）	所占百分比（%）
性别	男	68	36	52.9
	女	68	32	47.1
年龄	30岁以下	68	4	5.9
	31~40岁	68	10	14.7
	41~50岁	68	21	30.9
	51~60岁	68	25	36.8
	60岁以上	68	8	11.7
文化程度	初中及以上	68	18	26.5
	小学	68	38	55.9
	文盲	68	12	17.6

家庭经济特征分析表　　表3-7

调研项目	参考因子	有效样本数（户）	特征样本数量（户）	所占百分比（%）
家庭平均月纯收入	3000元以上	20	3	15
	2000~3000元	20	6	30
	1000~2000元	20	8	40
	1000元以下	20	3	15
家庭收入来源	种植业	20	8	40
	养殖业	20	2	10
	外出打工	20	6	30
	其他	20	4	20
农化程度	纯务农	20	4	20
	以农为主、兼营他业	20	6	30
	非农为主、务农为辅	20	6	30
	纯非农	20	4	20

庭院种植现状分析表　　表3-8

调研项目	参考因子	有效样本数（户）	特征样本数量（户）	所占百分比（%）
种植面积	2m²以下	20	2	10
	2~5m²	20	8	40
	5~15m²	20	7	35
	15m²以上	20	3	15
植物类型	经济型	20	11	55
	观赏型	20	3	15
	混合型	20	6	30
配置形式	讲究造景	20	3	15
	随意种植	20	17	85

　　院落种植习惯的形成是一个复杂而长期的过程，是一个"共性"影响因素与"个性"影响因素并存的形成过程。通过对南豆角村案例的分析，对于黄土高原民居院落种植习惯形成的影响因素，归纳为以下几个方面：

（1）外部生态环境中的气候及周边可用自然资源因素对院落植物分布的影响比较明显，而在所有的气候因子中，水热条件的地带性分布是影响植物生长分布的主要因子，水热条件好的地区院落植物多样性一般较高。

（2）社会经济等外部因素，尤其是城市化和市场化对庭院植物多样性的影响大，院落中观赏植物和经济类植物的种植比例会相应提高，导致院落植物多样性特别是当地乡土植物多样性降低，对生态环境产生负面影响。

（3）家庭经济特征中的家庭收入、受教育程度、职业和庭院管理是影响的主要因素，都会对庭院植物的安排产生影响。

因此，在民居绿化研究过程中应遵循以下原则：院落植物的多样性、分布及组成结构应适应外部生态环境和内部微环境；院内植物的种植规模、植物组成应以社会经济等因素为导向；院落内植物的类型（观赏型、经济型和混合型）应以家庭经济特征为主导。

3.5 小结

本章对黄土高原典型研究区域中不同类型的院落进行了深入、详细的实地调研，对民居环境中植物应用现状进行梳理、分类、分析后，总结出植物在民居环境中常见的种植形式、位置及种类的选择，从而得出该地区民居院落的四种种植习惯：

（1）习惯一：经济价值观；

（2）习惯二：文化价值观；

（3）习惯三：观赏价值观；

（4）习惯四：环境价值观。

本章对种植习惯形成的影响因素进行系统分析，得出以下主要的影响因素：

（1）外部生态环境；

（2）社会经济等外部因素；

（3）家庭经济特征。

影响因素主要决定了院落种植的经济效益、文化特征及观赏特性，院落环境功能的实现是前三种种植习惯兼顾的结果。由此可见，院落种植的环境功能在乡村院落长期发展过程中没有得到足够的重视。所以，接下来重点探讨植物在院落中的环境功能及其优化问题。

4

黄土高原民居院落生活模式及气候种植需求

    乡村院落，不论是以围墙为界的院落，或者是无明确界限的院落，都是乡村优美自然环境和田园风光的延伸，也是利用阳光进行户外活动和交往的场所，是乡村居住生活和进行部分农副业生产（如晾晒谷物和衣被、储存农具和谷物、饲养禽畜、种植瓜果蔬菜等）之所需。同时，院落还是农村住宅贴近自然、融于自然之所在。

    在这样一个特殊的环境中，舒适度的需求是必不可少的。针对黄土高原特殊的气候特征，结合院落小气候环境，利用植物要素调节人们生产、生活及休闲娱乐的场所——院落，对村落环境的可持续性发展有一定的意义。

4.1 建筑室外空间的生活

4.1.1 户外活动的类型

    人们户外活动的种种行为都会受到许许多多因素的影响，物质环境就是其中的一个因素，它在不同程度上以不同的方式影响着人们的户外活动。人在户外的活动可以划分为三种类型：必要性活动、自发性活动和社会性活动。每一种活动类型对于物质环境的要求都不大相同。

必要性活动，包括那些多少有点不由自己做主的活动，如上学、上班、购物、等人、出差等，换句话说就是那些人们在不同程度上都要参与的所有活动。一般来说，日常工作和生活事务都属于这一类。因为这些活动都是必要的，它们的发生很少受到物质环境的影响，一年四季在各种条件下都能进行。

自发性活动，只有在人们有参与的意愿，并且在时间、地点合适的情况下才会发生。这一类型的活动包括散步、驻足观望有趣的事情及坐下来晒太阳等。这些活动只有在外部条件适宜、天气和场所具有吸引力时才会发生。

社会性活动，是指在公共空间中有赖于他人参与的各种活动，包括儿童游戏、互相打招呼、交谈等。这些活动可以称之为"连锁性"活动，因为在绝大多数情况下，它们都是由另外两类活动发展而来的。物质环境的构成对于社会交往的质量、内容和强度没有直接影响。

4.1.2 户外活动发生的条件

以上的这些活动，都特别依赖于户外环境。当环境不佳时，一些活动就会消失，而在环境适宜下，才能健康发展。所有自发性和社会性活动都具有一个共同的特点，即只有逗留与步行的外部环境相当好，从物质、心理和社会等诸方面最大限度地创造了优越条件，并尽量消除了不利因素，使人们在环境中一切如意时，它们才会发生。

所以，物质环境的改善是室外空间生活的首要满足条件。

在特定空间中的人及其活动，是各种活动数量和持续时间的产物。重要的不仅是人或活动的多少，还有其在户外持续时间的长短，因此要改善户外逗留的条件。相反，户外空间质量的恶化则会导致自发性、社会性户外活动的消失（图4-1）。

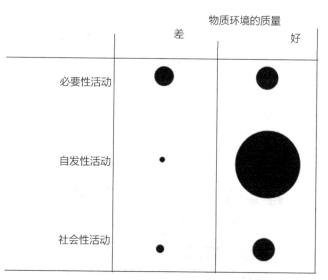

当户外环境质量好时，自发性活动的频率增加，与此同时，随着自发性活动水平的提高，社会性活动的频率也会稳定增长

图4-1 户外空间质量与户外活动发生的模式

4.1.3 住宅区户外活动的发生条件

1. 建筑物的集中和分散

在"低层高密度"的住宅区中，大量的住宅被布置在复杂的道路系统中，尽管这里建筑密度高，但并不一定就有显著的活动水平。相反，由两条面向街道的联排住宅形成的乡村小街，却表现出一种明确而一贯的集中活动倾向。

2. 空间的分级

一方面，独户住宅区的庭院为私密的户外活动创造了很好的条件，而另一方面，由于街道交通设计，特别是人和各种活动的分散，公共的户外活动被减少到了最低限度。但是，这样的住宅区空间分级有一定的序列和清楚的结构，即私密空间—半私密空间—半公共空间—公共空间（图4-2）。

在住宅边上形成的半公共、亲密和熟悉的空间，是居民们更好的交流空间。这种带有私密空间的住宅形式提供了一种有价值的自由选择余地，既可以待在住宅公共空间的一侧，也可以待在私密性的一侧。

宅前半私密户外空间的存在，直接为户外逗留活动和邻里间的交谈创造了特别有利的条件。若这些区域舒适度适宜，如遮阳、防风等，就创造了永久性的活动区域。有了这些舒适的休息空间，总有许多有意思的杂事可做，也是在户外待上很长时间的解释或托词。

3. 空间的连续

直接通往户外的低层建筑，内部和户外的活动有可能内外"流动"。人们不必踌躇再三就可以出门，在这种条件下，各种形式的户外逗留都有更好的机会得以发展。从许多小的户外逗留开始，就能产生出较大的活动。如果在住宅与邻近街道之间的过渡区设置一种半私密的前院，为户外逗留创造条件，那么建筑户外空间的生活就会得到进一步的支持。这种前院对户外活动及街头生活有重要意义。

4. 空间中的微气候

户外空间的宜人与否，以及户外逗留条件的好坏，关键在于户外空间和步行线路自身的微气候。在一些地区，对于气候要做好两件事，一方面，

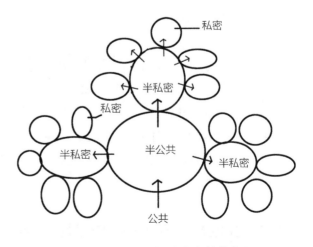

图4-2 空间的分级化组织的住宅区

要有效地抵御恶劣的气候，另一方面，又要保证在天气良好时能充分享受阳光和其他有利的气候因素。

创造宜人的环境也是一种避免不利天气的措施。不利天气条件的类型在不同地区有很大的不同。每个地区都有自己的气候条件和文化模式，它们形成了解决各自不同问题的基础。如在分散的独户住宅区，尤其是围绕多层住宅而建的独户住宅区，小气候很差，甚至比周围田野还要糟糕。

4.2 黄土高原民居院落生活模式

院落曾经是传统宅院住宅的灵魂。由于生产与生活的高度融合，人们的居家生活总是围绕院落空间展开，院落是水平式居住模式名副其实的空间核心和重心，院落与住宅建筑实体形成了内外有别的空间序列。随着生产与生活的逐渐剥离，院落空间的生产性功能逐渐弱化，最终成为仅仅满足居家生活需要的功能空间。在当前农村的院落式住宅中，剥离了生产功能的院落虽然在家庭生活中依然处于核心地位，并担负重要的功能作用，但其存在的必然性已经发生了根本性的变化。在以"聚集"为核心的乡村居住环境的建设浪潮中，无论人们如何喜爱和眷恋院落空间，也无法改变其终将会被历史的浪花冲刷得无影无踪的命运。

院落作为独立的空间形态，适应居住生活的功能通常有储藏、晾晒、休闲、娱乐、交流、种植等多种类型。在乡村型住宅中，虽然没有了院落空间的"形"，但通过院落空间的转移，使院落空间的"神"得以保留。

传统宅院住宅中的生活是与传统的农业生产密切相关的，住宅中必须有存放农具、粮食粗加工、粮食储藏等空间，甚至还需要有停放农业机械、小型农用车辆的场地空间，有些只能通过院落空间来解决，因而院落是传统宅院住宅的基本特征。如今，乡村生活方式已发生了根本性的变化，土地已不再是生存之本，人们从土地中解放出来，生活与生产已经剥离，住宅及院落空间是纯粹的居家生活所需，功能空间以充分满足日常居住生活为标准。

受上述各方面因素的影响，院落生活行为也可以具体概括为必要性活动、自发性活动和社会性活动。除了社会性活动发生的空间具有一定的限制外，其他两种活动在院落的任何空间都有可能发生。按照居民的行为特点，将三种活动按照以下方式分类阐述。

4.2.1 生活起居模式——自发性、社会性活动

会客是情感维系的重要途径，在过去，乡村地区生活形式单调，人们在农闲之

后多喜欢串门聊天,一方面可以消磨时间,另一方面也能通过交谈了解到更多重要的信息。除去日常的会客之外,春节和婚丧事件中的会客也格外重要。亲朋好友、乡里乡亲集中到家里,大量人群的活动使空间处于饱和,甚至溢出状态。根据会客行为空间的私密程度,可分为宅前活动空间、门厅过道空间及客厅私密空间三种形式。

在物资匮乏的年代,人们的娱乐活动相对单一,以集体活动为主,如日常聚在一起说话聊天,过年的扭秧歌、唱大戏,逛庙会、集会等。如今,随着电视、互联网的普及,经济收入的提高,人们娱乐活动的形式越来越多样,但多以小规模自发组织的活动为主,如打牌、看电视、跳舞、锻炼身体等。根据活动空间属性的不同,可分为半公共娱乐空间和私密娱乐空间。很多村民喜欢聚在宅前空地活动,老人们喜欢坐在宅前晒晒太阳、看着村里人来车往,这既是一种消磨时间的方式,也是一种同外界交流的需求。到了傍晚,中年人也喜欢聚在附近宅前聊聊天或活动活动,如打乒乓球、下棋、打牌、跳舞、健身等。活动场地离家较近,方便看管家门(图4-3)。

图4-3 院落生活模式

4.2.2 生活服务模式——必要性、自发性活动

院落空间宽敞、环境舒适时，可在院落外部空间做饭、吃饭。在集中布局的宅院村落中，还有的居民喜欢端着饭碗蹲在自家门前，或去别家串门，聚在一起吃饭、聊天。在婚丧事件中，家中摆设酒席宴请宾客是乡村的传统，这种传统对院落空间及其宅前空间的使用和影响较大。

4.2.3 生产辅助模式——必要性活动

乡村生活中的"劳"主要包括农业生产、副业生产、种植蔬菜等。农业生产过去是院落空间重要的功能体现，占据了大量的空间。但随着农业机械化程度的不断提高，如今它在院落空间的使用上所占的时间和空间比例已经降到很小，只以晾晒和储藏两个功能为主。

在大部分地区，随着院落面积的缩小，有些生产活动转移到入口空间和村落的公共空间中进行（图4-4）。除去农业生产，有的家庭开始利用院落空间进行副业生产，如有的开设店铺，有的开设农家乐，有的搞养殖，还有的购买了大型交通工具搞生产运输，这些副业生产为家庭创造了更多的经济收入，改善了生活水平，也对院落空间进行了更充分的利用。

黄土高原的农民热爱劳动，更热爱土地，几乎家家户户院落前的空地上都会种植一些蔬菜，除了满足自己日常食用以外，更多体现的是一种对劳动的热爱和对闲置空间的充分利用。

图4-4 生产和储藏空间转移

4.3 黄土高原民居院落微气候改善的植物种植策略

　　每个院落的设计都要结合自然，与自然融为一体，并利用现有的自然力，如雨、雪、阳光、风、季节变化、植物的进化与生长及动植物群落的生态特性等，这通常称为"可持续设计"。这种与自然作用相结合的设计可以用最少的人类资源与能源的耗费持续相当长的时间。如果院落设计与自然相结合，就必须考虑居住环境中的微气候。

　　顾名思义，微气候是指院落中一个特殊的点或区域的小型气候条件。微气候是相对较小区域内温度、太阳照射、风力、含水量（湿度）等的综合。

　　每个院落都有自己的微气候，这是由基地方位、住宅位置、住宅方向、住宅大小 / 形状、地形、排水形式、植物数量与种类，以及包括铺地在内的地面材料的范围与位置等特定的基地条件所决定的。虽然每个院落都不同，但所有基地中都有一些主要的微气候形式。

　　住宅要与环境相协调，太阳是一个需要考虑的因素。它的存在影响着气温和阴影，而这些都会直接影响人的舒适度。太阳也会直接影响住宅供暖与制冷方面的能源用量。

　　在考虑太阳的因素时，首先需要了解太阳在一天中及一年不同季节中的运动规律。随着太阳水平方向和高度角的不断变化，其在天空中的相对位置也是不断变化的（图4-5）。在夏季，太阳从东北方升起，顺时针运动，直至西北方落下。在冬季，太阳从东南方升起，至西南方落下。

　　从图4-5中可以看到，在夏季，最大的阴影区出现在建筑的东、西两侧；在冬季，只有南边能接受太阳直射。结合黄土高原部分地区的主要气候数据一览表（表4-1）可以得出：（1）从春末到秋初的几个月，需要遮阳设施；（2）从晚秋到早春

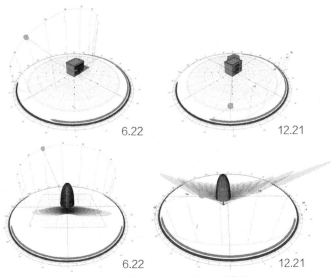

图4-5　冬季和夏季太阳的小时路径

的几个月，需要阳光直射。无论对室外还是室内，都是此规律。

黄土高原部分地区主要气候数据一览表　　　　　表4-1

地区名称（由东南到西北排列）		海拔（m）	气温			降水量		年均相对湿度	最大风速（m/s）
			年均温度(℃)	最高温度（℃）	最低温度（℃）	平均水量（mm）	集中降雨月份		
河南	洛阳	157	14.5	44.2	−18.2	604.6	7～9	65%	20
	巩义	—	14.7	43	−15.4	—	7～8	60%	
陕西	西安	400	13.3	41.7	−20.6	624	7～9	70%～83%	19
	延安	1200	9.3	39.7	−25.4	526.2	6～8	66%～78%	16
山西	临汾	600	12.3	38	−10	565	—	—	—
	太原	800	9.5	39.4	−25.5	456	7～9	60%	—
甘肃	兰州	1520	9.3	39.1	−23.1	327.7	7～9	58%	21.4
	庆阳（西峰）	1421	10	39.6	−22.6	555.5	7～9	67.7%	20

　　绿色植物在优化微气候、改善庭院热舒适度方面的重要作用已经得到了重视。相关的研究发现，通过调整树木的种植可以改善庭院的微气候，丰富院落里植被的数量可以改善热舒适度，使庭院为用户在白天即使在中午提供尽可能长时间的舒适条件。如Makaremi等提出，使用遮阳效果好的树木，可以改善炎热和潮湿气候条件下庭院的室外热舒适性；Ahia和Johansson的研究表明，在叙利亚炎热和干燥的气候中使用绿色植物，即使在夏季的高温时段也能改善热舒适度。

　　绿色植物在炎热季节的好处在于：首先，植物可以遮阴，使用植物可以减少太阳辐射；其次，由于植物吸收了大量的太阳辐射，大部分被吸收的辐射能通过水分蒸发进行消耗，降低了周围空气的温度，同时也增加了空气湿度。

　　本研究从植物对院落温度、湿度综合作用的角度出发，通过现场实测和软件模拟相结合的方法，分析不同类型的植物及其配置模式在典型院落类型环境中对微气候影响的变化规律，得出院落空间植物改善微气候的种植方式及形式，使植物在院落空间的生态效益最大化。

　　研究过程包括两部分：第一，对研究区域的院落进行随机监测，收集现场数据，分析和比较植物对民居室内外空间环境的影响，明确民居环境对植物种植的需求；第二，院落植物种植形式复杂多样，完全靠实测无法达到优化的目的，因此，采用ENVI-met软件对典型院落类型中可能的植物种植模式及植物类型的选择进行模拟，对院落PMV（表征人体热反应的评价指标）的变化趋势进行比较和分析，从而得出植物的最佳布置方式。

4.3.1 种植需求——现场测试

1. 测试对象介绍

随机选择不同类型的院落在同一时间进行测试。测试基地选择在黄土高原东南部、夏季温度相对较高的西安地区，研究对象为南豆角村的四户院落，均属于多院落东西联排的集中式布局形式，院落的建筑结构及形式相近。研究主要依据植物的覆盖率来探讨植物对院落环境的影响，因此，须计算出每个院落的植物覆盖率（表4-2）。

测试对象具体信息 表4-2

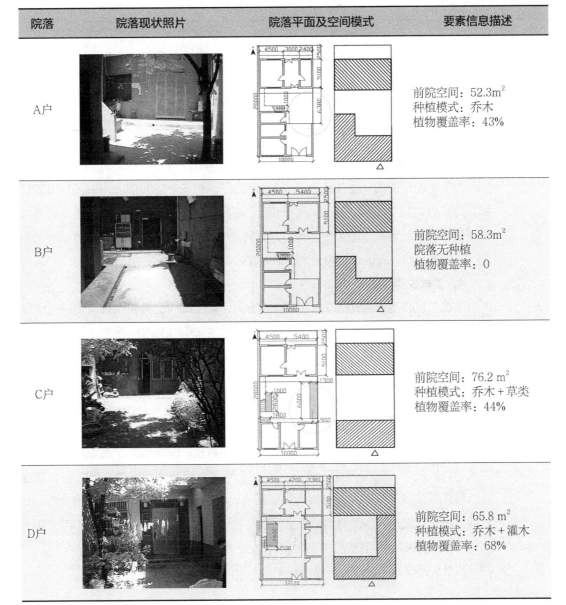

院落	院落现状照片	院落平面及空间模式	要素信息描述
A户			前院空间：52.3m² 种植模式：乔木 植物覆盖率：43%
B户			前院空间：58.3m² 院落无种植 植物覆盖率：0
C户			前院空间：76.2 m² 种植模式：乔木＋草类 植物覆盖率：44%
D户			前院空间：65.8 m² 种植模式：乔木＋灌木 植物覆盖率：68%

2. 环境数据

南豆角村位于黄土高原东南部的关中平原上、秦岭山脚下、陕西省西安市（东经107.40°~109.49°和北纬33.42°~34.45°，海拔750m）内，属暖温带半湿润大陆性季风气候，冷暖干湿四季分明；夏季炎热，冬季寒冷，年日照时数1646.1~2114.9h。西安地区气象数据见表4-3。

西安地区气象数据　　　　　　　　　　　　　　　　　　　　表4-3

	全年	7月	1月
最高温度（℃）	39.9（逐时） 33.2（日平均）	39.9（逐时） 33.2（日平均）	8.5（逐时） 3（日平均）
最低温度（℃）	-8.8（逐时） -5.3（日平均）	20.4（逐时） 22.4（日平均）	-8.8（逐时） -5.3（日平均）
平均温度（℃）	14.8	28.1	0.1
平均相对湿度（%）	65.8	63.2	62.1
平均日总辐射（h）	1271.4	1553.2	611.8

3. 现场测试内容

对院落空间的测试主要选在夏季7月份进行，在各个空间1.5m左右高度布置仪器，定点逐时记录空间的温湿度。为保证测试结果具有代表性，选取在高温月太阳辐射较强且风速较小的天气测试。测试时间为2016年7月16~18日，测试时段为6:00~18:00，测试天气均为太阳辐射较强的少云天气。

4. 测试仪器介绍

本次测试采用日本NEC公司生产的TH9100MV/WV红外热像仪，测试院落空间和西墙墙面的热成像；采用日本TANDD公司生产的TR72Ui温湿度记录仪，记录空气的温度和相对湿度。为防止记录仪受太阳辐射影响而导致温湿度数据产生偏差，测试时将温湿度记录仪用锡箔纸包裹，两侧留出通风口。测试时利用三脚架将记录仪固定于测试点上方，离地面1.5m高处，或固定在测试点现有的构架上，在测试时段内，逐时记录不同观测点的空气温度和相对湿度。

采用瑞士徕卡公司生产的LeicaD510激光测距仪，测量院落中的重要尺寸，如建筑物详细尺寸、门窗尺寸、院落空间尺寸等，为后期分析提供基础数据。测量时，保证所需测距范围内无障碍物阻断激光，将测距仪底部贴紧所需测距的一端，然后点击发射激光，当观测到激光点出现在另一端时，再次点击、读数即可，整个测量过程中要保持机器稳定。

测量所用仪器及仪器性能见表4-4。

测量仪器性能				表4-4
仪器名称	测量参数	测量范围	准确度	分辨率
TR72Ui温湿度记录仪	空气温度 相对湿度	-10~60℃ 10%~95%	±0.3℃（0~50℃） ±5%RH（在25℃ 50%RH）	0.1 1
TH9100MV/WV红外热像仪	表面温度	-2~100℃	±2℃或±2%	0.02
LeicaD510激光测距仪	距离	0.05~200m	±1.0mm	0.01

5. 测试仪器分布

室外和室内均在1.5m左右高度放一个温湿度记录仪（图4-6），设置1min记录一次。红外热像仪对于院落开敞空间从10：00进入太阳辐射开始，对四户院落每隔1h拍摄一次。对具有墙体绿化和部分西墙外有种植的院落，17：00用红外热像仪进行拍摄。

6. 测试结果分析

（1）四个院落室内与室外的温湿度对比分析

从6：00到18：00近12h的监测得出了室内外温湿度随着太阳辐射的增强和减

图4-6 室外测试仪器分布

弱的变化规律。从图4-7可以看出，各户室外的温湿度变化对室内并没有显著的影响，不管院落室外空间是否有植物种植，种植的量是多少，建筑室内的温湿度都基本保持平稳。也就是说，在测试的院落空间尺度下，现有植物的种植规模及垂直结构对建筑室内热舒适度的间接影响效果并不明显。

（2）四个院落室外温湿度对比分析

由图4-8可知，增加庭院树木的使用直接导致相对湿度的增加和空气温度明显下降。树木的使用大大降低了院落10:00以后的环境空气温度。植物覆盖率最高的D院落与没有植物种植的B院落相比，在关键时间点15:00的温度最高可下降近5℃，相对湿度平均上升17%。

根据现场监测结果分析得出，受民居院落空间现状影响，院落空间植物种植（在建筑外表面没有产生阴影）通过蒸发蒸腾作用对建筑室内环境的间接影响可以不做重点考虑，而对院落空间温湿度有明显影响。

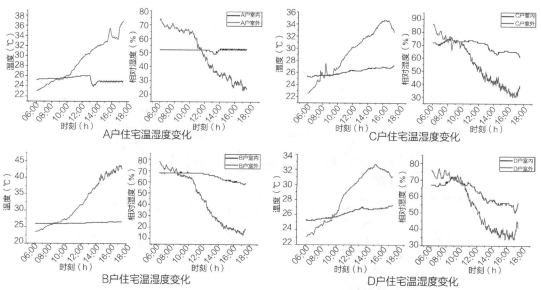

图4-7　四个院落室内外温湿度变化比较

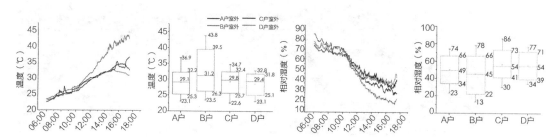

图4-8　四个院落室外温湿度变化比较

4.3.2 种植技术——软件模拟

种植优化采用ENVI-met 3.1三维流体动力学微气候软件进行参数化研究。该软件提供了模拟城市空间中地表植被与空气相互作用的平台，典型分辨率为0.5~10m，时间分辨率为10s。

1. 模拟软件的可靠性

模拟室外空间热性能的ENVI-met软件的可靠性已被反复证实。这些研究证明了实测空气温度（来自现场测量或当地气象站的观测数据）和模拟空气温度之间的一致性。对于院落空间的研究，虽然该软件提供的数据不够准确，但是可以用来了解院落微环境的总体变化趋势。

2. 模拟对象数据及软件参数设定

在众多的院落类型中，选择研究区域比较典型的院落类型（表4-2中D户）作为模拟的主要对象。院落总尺寸为10m×20m，不考虑后院卫生窄道空间。由于一般院内西侧有90cm宽的室外楼梯，建模时，院落西侧边界将院墙和楼梯合二为一，尺寸为1m×2m。住宅主体建筑尺寸为9.9m×7.5m×7m，厢房为3m×7m×3m，倒座为10m×3m×3m。院落可种植面积为56m²。

模拟模型包括：无种植的庭院（模型1）、20%的树木覆盖率（模型2）、40%的树木覆盖率（模型3）、60%的树木覆盖率（模型4）、100%的草类覆盖率（模型5）、院落中心种植（模型6）以及院落南北墙附近种植（模型7和模型8），如图4-9所示。

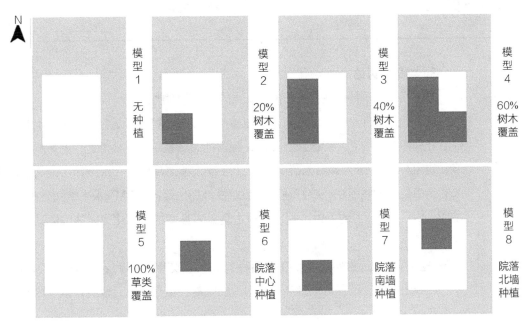

图4-9 植物种植模型

ENVI-met软件模型的基本输入参数包括建筑、土壤和气象数据，如表4-5所示。

ENVI-met软件在配置文件中的参数 表4-5

输入的参数	详细信息
位置	西安南豆角村（北纬34.04°，东经108.54°）
模拟日期	2016.6.21
模拟持续时间	7：00～20：00
网格大小	40m×40m×20m
土壤数据： 初始温度，上层（0～20cm）22.8℃ 初始温度，中间层（20～50cm）21.8℃ 初始温度，深层（>50cm）19.8℃ 相对湿度，上层（0～20cm）70% 相对湿度，中层（20～50cm）60% 相对湿度，深层（>50cm）60%	气象数据： 风速，距离地面10m 1.9m/s 风向90° 粗糙度 0.1 m 最初的大气温度 30.8℃ 2500m的绝对湿度 7g/kg 2m的相对湿度 58% 云层 0
建筑数据： 室内温度 19.8℃ 墙体的传热系数 0.99 W/（m²·K） 屋面传热系数 2.2 W/（m²·K） 墙壁的发射率 0.2 屋顶的反射率 0.3	生理数据： 行走速度 0 新陈代谢率 0 服装热阻 0.5clo

3. 结果与讨论

（1）不同院落种植在白天关键时间点的热舒适性比较

从热舒适条件来看，增加树木的覆盖率一般会改善热舒适区和水平，也可以减少不舒服程度高的无阴影区域。然而，院落地面覆盖草坪对热舒适性的影响并不显著。如图4-10所示，裸露院落中PMV（表征人体热反应的评价指标）最高，在树木覆盖率最高的院落中，热舒适区面积明显增加。而院落PMV水平空间分布表明，在12：00～15：00的关键时间点，树木覆盖率最高的院落比裸露的院落具有更高的热舒适性。

更重要的是，虽然0～40%的院落种植只能够改善白天除12：00～15：00时段外的热舒适条件，但覆盖率最高（60%）的院落种植在关键时段能够减少热不舒服的程度。

总体来看，除12：00～15：00的关键时段外，用户每天享受院落舒适条件的时间可以延长到全天。同样,在这个关键时间点,与周围建筑相邻的院落区域仍然比完全暴露在阳光下的中心区域更舒适。

(2)院落中不同种植位置的热舒适性比较

图4-11比较了院落内乔木在中间或南北(N-S)墙附近的PMV。在15:00时,中心有树的院落与有N-S树的院落相比,PMV的空间分布值区别不大,这就说明,三个种植位置在主要时间点具有相同水平的热舒适度。

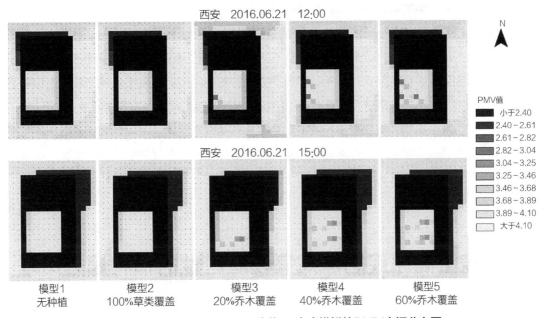

图4-10 12:00和15:00院落1m高度模拟的PMV空间分布图

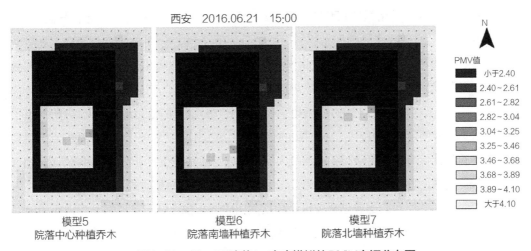

图4-11 15:00院落1m高度模拟的PMV空间分布图

4.3.3 院落空间植物种植指南

1. 植物种植位置的建议

根据模拟结果可以看出，在院落空间中，西南及西侧是植物发挥最大效益的位置，若临近建筑与建筑结合会营造更舒适的小环境，若靠近院落中间，会有更多的遮阴效果，但树木改善PMV的水平基本相同。在实际中，需要综合考虑植物对住宅建筑的遮阴效果，以及满足建筑冬季日照的需求，得出最佳的种植位置。

2. 植物种植规模及种类选择的建议

实测和模拟结果显示，乔木随着覆盖率的增大对温湿度及PMV的影响比较明显。因此，在空间允许的范围内，应尽可能选择覆盖率大的植物或种植多棵植物。但实际上，受院落用地影响，单棵乔木的种植概率较大。对于低矮的灌木类和草类植物，在民居院落这个特殊的环境中，基本被低矮的蔬菜及农作物所替代。

对于植物种植规模及种类的选择，具体受院落空间、用地性质、家庭经济特征及外部经济特征等多因素综合影响。但是，尽管植物在提供舒适条件和改善院落小气候方面可以发挥重要作用，由于目前大多数地方缺水，灌木和其他植物的种植规模仍受到限制。

4.4 黄土高原民居建筑气候适应性的植物遮阳策略

本研究其中的一个研究对象是民居建筑，所以，气候分区主要考虑目前所涉及的建筑热工区划。《民用建筑热工设计规范（含光盘）》GB 50176—2016中规定，热工涉及的分区从建筑热工设计角度，主要是针对建筑保温和防热设计问题的气候分区。采用累年1月和7月的平均气温作为分区主要指标，累年日气温≤5℃和≥25℃的天数作为辅助指标，将我国分为五个区，分别是严寒、寒冷、夏热冬冷、夏热冬暖及温和地区。在此气候分区的基础上可以得出，黄土高原地理范围涵盖的气候区包括寒冷地区和严寒地区。

《建筑气候学》一书在阐述国内各地控制热环境的建筑设计策略时，分析得出了各地有效使用时间比，并根据时间的有效性大小提出了针对各个城市气候特点的适宜建筑设计策略。它将全国各地建筑大体上分成了四种类型，分别为保温隔热型建筑，保温隔热、遮阳与通风并行式建筑，通风、遮阳型建筑，被动式太阳能建筑。

黄土高原东南部典型研究区域包括陕西中部、豫西黄土高原部分、山西的南部以及甘肃的一小部分地区，其建筑属于保温隔热、遮阳与通风并行式建筑。也就是说，这些地区的民居在夏季是需要进行遮阳和通风的。那么在这些地区，对于遮阴树的种植就显得尤为重要。

除了对建筑内部空间舒适度的考虑外，建筑室外空间的舒适度调节也很重要，这决定了人们外部活动的条件。因此，黄土高原东南部民居建筑夏季需要通风遮阳、冬季需要保温。

植物是遮挡建筑太阳辐射的第一道防线，植物遮阴不同于建筑构件遮阴之处还在于它的能量流向。植物通过光合作用将太阳能转化为生物能，植物叶片本身的温度并没有显著升高，而遮阴构件在吸收太阳能后温度会显著升高，其中一部分热量还会通过各种方式向室内传递。最为理想的遮阴植物是落叶攀缘植物和乔木，茂盛的枝叶可以阻挡夏季灼热的阳光，而冬季温暖的阳光又会透过稀疏枝条射入室内，这是普通固定遮阴构件无法具备的优点。

4.4.1 种植需求——现场测试

本研究在南豆角村同时对几处典型的民居西墙进行了监测，对比不同种植形式对西墙外表面温度的影响（采用红外热像仪，在17：00时同时测试了有遮阴树、攀缘植物和低矮植物种植的西墙面的温度）。测试结果表明，遮阴树在西墙面上的落影可大大降低西墙外表面的温度（图4-12、图4-13）。图4-13（a）中显示，有乔木落影的区域和没有落影的区域温度相差近18℃，而且在墙面上的落影越多，效果越好。如图4-13（b）所示，整个墙面落影区域与全日照区域的温度差为13℃左右。

除此之外，植物冠叶越浓密，低温分布范围越广，降温效果越好。研究同时选取了具有攀缘植物爬山虎的西墙面，通过热成像仪测试17：00时的温度，结果显示，没有被爬山虎覆盖的区域温度已经高达50.7℃。对于西墙外种植低矮植物的情况，因为其在建筑外表面没有落影，仅仅是靠减少下垫面的反射，对外墙面温度并不会有显著影响（图4-14）。

由此可见，植物对低密度地区低层建筑的能耗有着显著的影响。总结来看，树木改变建筑室内外环境舒适度主要通过以下几个方面来实现：（1）阴影：遮阴树在建筑外表面形成的阴影减少

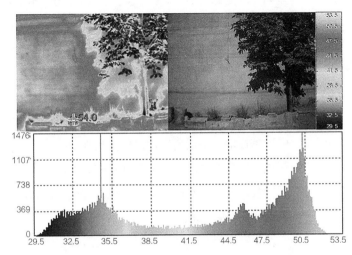

图4-12　17：00时西墙外单棵乔木红外热成像

（a）多棵乔木远距离种植　　　（℃）　　　　　（b）多棵乔木近距离种植　　　（℃）

图4-13　17：00时西墙外多棵乔木红外热成像

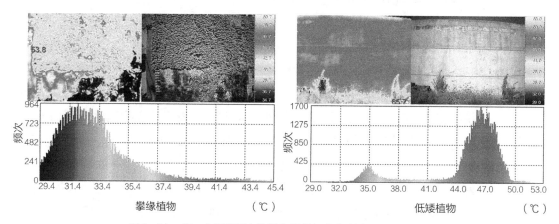

攀缘植物　　　　　（℃）　　　　　　　　低矮植物　　　　　（℃）

图4-14　17：00时西墙外攀缘植物和低矮植物红外热成像

了建筑表面对太阳辐射能的吸收和储存，以减少建筑室内外热传递，从而减少夏季室内冷却能源的消耗；（2）蒸发蒸腾作用：植物将液态的水通过蒸发蒸腾作用转换成水蒸气，在增加空气湿度的同时降低了空气的温度；（3）挡风：适宜的植物种植在冬季可以通过改变风向和风速来减少冷空气渗透到建筑室内和表面的对流冷却。

4.4.2　种植技术——软件模拟

对于建筑本体绿化的技术成果已经很成熟，本研究主要探讨周边环境中遮阴树的种植技术。黄土高原地区的住宅地块空间和资源对于种植遮阴树有所限制，研究区域大部分地区农家院落尺寸正在大大减少，而且，多数院落为了使用方便采取硬质铺装，这些因素都减少了种植多棵树木的可能性。因此，单棵树的科学种植和树种选择变得更加重要。

从常识层面来讲，住宅建筑周边种植植物要点包括：（1）方位：遮阴树常被种植在住宅室外空间的西南和西边；（2）间距：如果可能的话，遮阴树应该种植在尽量靠近住宅或需要遮阴的室外空间；（3）种类选择：遮阴树最好选择相对较高、树冠较大、枝叶茂密的树种。攀缘植物和灌木也可以用来遮阳，在东西墙效果明显。

上升到科学层面，以上种植要点需要用科学的指标进行控制，研究的目标是：在不同方位，根据不同类型的植物，结合住宅空间的使用及研究区域的实际情况，确定与住宅建筑的间距界限，并得出最优化的植物布置方式。因此，本节要讨论的问题是，通过量化植物对建筑遮阴的影响，比较分析后，得出植物在民居环境中比较科学的种植方法及技术。

不管是实测，还是模拟研究，前人对建筑本体绿化的研究发展迅速，已经取得了众多成果，但对于何种植物种植方式利于民居环境的健康发展方面，研究相对缺乏。而且阴影的"质"和"量"受多种因素影响，如建筑的类型、排列方式、建筑的朝向，相对于每一个建筑表面的植物的位置、大小、冠层密度，太阳高度角和入射角（一天的时间）、季节和微气候等。通过测量的方式考虑所有影响因素是困难的，所以，模拟分析的方式是一个很好的选择，可以评估这些因素对阴影效果的影响。

1. 模拟分析的影响因素

（1）模拟模型

考虑了植物的配置（物种、年龄和位置）、建筑特点（如窗口面积、建筑朝向、绝缘材料的水平）和天气条件的模拟模型，可以用来评价植物遮阴对加热和冷却能源使用的影响。由于它们的复杂性和对数据的要求，大尺度使用是有限的，但一系列的建筑实践代表已被用来解释建筑能源使用特性的差异。

（2）植物的结构

植物的结构包括形态结构和生理结构。形态结构指的是植物的大小、分枝点高度，以及干高、冠形和大小。生理结构指的是植物枝、干、叶的发育形式及特征。太阳辐射的减少程度是由树冠的面积和透射率共同作用所决定的。冠层透射率考虑使用遮阳系数，通常范围是有叶期为0.5~0.9，落叶期为0.1~0.3，利用遮阳系数能预测建筑遮阳装置的季节效益和日效益，这可以单独作为描述阴影程度的一种方法。

（3）植物的大小和位置

改变植物的大小（由品种和年龄确定）或位置（由植物与建筑的距离和植物相对于建筑的方位确定）会导致建筑阴影在量和时间上的显著变化。植物的方位是相对于建筑物的真正的罗盘方位。成熟的中型落叶树的影响研究比较常见。McPherson探讨了7.3m、11m和15.2m高的乔木，这些大小不同的乔木对应的年龄约为20年、30年和45年，分别为成熟的小乔木、中乔木和大乔木。配置的乔木如果是成年树的大小，那么物种的差异以及常绿和落叶的区别就是主要的考虑因素。

植物个体或植物组合通常近距离种植在阳光可直射的建筑物的东、南、西以及西南和东南方向。一般只考虑几个方位，不可能考虑全部方位。根据《居住区环境景观设计导则（2006版）》对绿化植物与建筑物、构筑物最小间距的规定，建筑物外墙如果有窗，至乔木中心的距离控制为3~5m；若无窗，则至乔木中心的最小距离控制为2m。Simpson和Hwang总结出，植物与建筑的距离2~5m是最常见的，并且树木只是靠近建筑，不覆盖建筑顶部。

（4）现有的阴影和植物重叠

作为种植设计的一部分，每增加一棵植物，建筑表面阴影就会有所增加，增量部分是靠原有树木、相邻构筑物，如栅栏或附近建筑物的阴影所决定的。Simpson和McPherson计算了18m内每棵树和每个构筑物的阴影。在实践中很难明确解释所有的太阳障碍物对太阳辐射整体性减少的影响，通常考虑的是现有植物和构筑物的影响。

植物的节能效果随着植物数量的增加而减少，Jones通过精确计算已经解释了种植有多棵树木节能效果反而降低的现象。基于Simpson和McPherson的观察，折减系数约为每棵树5%，在有3~6棵植物已经存在的情况下，增加一棵树所产生的能源效率是第一棵树的20%~30%。

综上，单棵植物在建筑外表面上能否产生阴影，以及阴影的"质"和"量"受两个因素的影响，即植物的形式和布置。植物的形式描述的是植物的物理属性，包括植物的大小、分枝点高度、冠的大小、冠层的密度及冠形；而植物的布置描述的是其相对于建筑的位置，即相对于建筑的方位和距离。

2. 模拟分析的目的

尽管植物影响建筑能源使用的研究在过去20年来已取得一定成果，如一些研究表明了植物对于不同气候下的室外小气候具有影响；一些研究监测了植物在室内热湿环境和节约能源上的定量影响。但模拟分析仍然比较缺乏，因为模拟微气候和特定植物对建筑物的影响比较困难。模拟分析需要结合建筑的结构和朝向、植物的特征和位置，以及变化的太阳位置和气候进行。

植物形式和布置是树阴的关键影响因素，阴影不仅受树的特征和相对于建筑位置的影响，而且也受日照、季节和纬度变化的影响。在给定的地理位置中，日照、季节性模式及树木的布置等因素会影响遮阴的面积和持续时间，即阴影的"质"和"量"。在本研究中，将使用计算机模拟软件，对黄土高原半湿润区三个典型村落进行详细模拟，探讨单棵树对一个典型民居的遮阴影响。研究的目的是确定该地区民居遮阴树的最佳种植模式（与建筑的间距、相对建筑的方位、植物种类的选择等），以优化植物阴影的生态效益，从而使植物与民居的生态共生效益最大化。

3. 模拟分析的目标

遮阴树对民居太阳辐射的影响受建筑朝向和植物布置形式的限制，当建筑朝向已知后，需要确定植物的布置形式，即植物相对建筑的方位、与建筑的间距以及植物的类型。当这些要素都达到理想状态时，植物对建筑的服务才达到最佳状态。当然，实际情况受很多因素的限制，不可能达到最理想的状态，因此需要优化传统的植物种植方式和技术。

过去研究成果表明，遮阴树对建筑的影响采用实测的方法，需要较长的时间，并且受测量样本多样性的限制，要达到测试目的是很难的。所以，本研究预期以建筑作为固定坐标，采用计算机模拟的方法，模拟出遮阴树在一栋孤立的建筑环境中理想的布置形式。在实际应用中，可根据建筑环境的现状，尽量选择最适合的布置形式，以达到遮阴树与建筑间的生态效益最大化，最终得出适合研究区民居环境的遮阴树种植指南和种类选择说明。

4. 模拟分析的方法

Ecotect软件可以从详细的气候分析开始，计算各种被动设计技术的潜在效果，或优化可用的太阳能、光和风资源的使用。Ecotect软件也可用于即时遮蔽分析，计算任何表面上的入射太阳辐射及其阴影百分比。

本研究采用Ecotect软件评估树木在建筑物外表面的阴影效果，计算植物个体或植物组合投射在建筑物外表面上的日均阴影百分比。

模拟时，单个建筑物和周围的树木由网格坐标定位。模拟需要的参数包括：建筑朝向、建筑长度、建筑宽度、建筑物墙体高度、树木的基本坐标、树木的高度、主干高度、树冠高度、树冠直径、树冠形状及遮阳系数。

（1）典型的民居建筑数据

黄土高原半湿润区民居建筑有1层、2层、3层三种类型，屋顶有坡屋顶和平屋顶两种形式，两层平屋顶建筑占多数。所以，本研究选择坐北朝南三开间的两层平屋顶建筑作为模拟对象，建筑占地面积约为75m²（9.9m×7.5m），建筑面积为148.5m²，总外表面积（四面墙和一面屋顶）为189.1m²。模拟地点分别选择陕西西安市南豆角村、山西清徐县西楚王村和豫西陕县凡村。模拟时，利用SketchUp建立建筑模型（图4-15）。为了模拟出理想状态，尽量简化建筑构件，因此，将建筑模型输入模拟软件时，建筑二楼的外廊和室外楼梯将被简化掉。

（2）植物配置数据

通过现状调研，统计了地区常见树种的相关数据（表4-6），树阴的大小取决于树木的三个要素：（1）树木特征；（2）与房子的间距;（3）相对房子的方位。

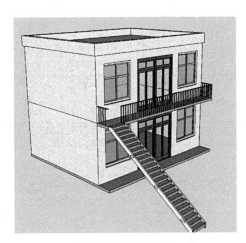

图4-15 建筑模型

本研究根据常用现状树种的概况，总结出一组典型树木大小的平均数据（表4-7），进行建模模拟。为了模拟极值及简化比较的影响因素，假设表中三种大小树木的冠形和冠透射率相同，树木的冠形统一为抛物线形，冠透射率均为1。

树木相对建筑有8个方向——4个基本方向（东、西、南和北）和4个角隅（东北、东南、西北和西南）的变化。其中，主要的方向只有五个，即东、西、南、东南和西南。

为了避免建筑和树冠之间的空间冲突，以及保护建筑基础安全，综合前面介绍的《居住区环境景观设计导则（2006版）》和植物根冠的相关性，根据树木的大小确定与建筑的间距。小乔木与建筑的最小距离确定为2m，中乔木和大乔木根据树冠的大小分别确定为3m和5m；与建筑间距的变化以树冠的半径为倍数逐渐递增，模拟每种类型树木在不同方向和不同距离上对建筑遮阴的变化（图4-16）。

现状常见树种主要形态特征 表4-6

序号	树种	学名	大小	树冠特征
1	柿树	*Diospyros kaki*	中乔木，高达10~14m	树冠球形或长圆球形
2	泡桐	*Paulownia fortunei*	大乔木	树冠圆锥形、伞形或近圆柱形
3	樱桃	*Cerasus pseudocerasus*	小乔木，高达2~8m	
4	杨树	*Populus*	大乔木，高达30m	树冠圆锥形至卵圆形或圆形
5	香椿	*Toona sinensis*	中乔木，高达10m	
6	枣树	*Ziziphus jujuba*	中乔木，高达10m	
7	核桃	*Juglans regia*	中乔木，高达2~10m	树冠广阔
8	苹果	*Malus pumila*	小乔木，高达3~5m	圆形树冠和短主干
9	国槐	*Sophora japonica*	大乔木，高达25m	
10	石榴	*Punica granatum*	小乔木，高达3~4m	树冠丛状、自然圆头形
11	榆树	*Ulmus pumila*	大乔木，高达25m	

植物形式 表4-7

	小乔木	中乔木	大乔木
树高（m）	6	10	15
干高（m）	1.5	4	5
冠高（m）	4.5	6	10
冠径（m）	3	6	10
冠形	抛物线形	抛物线形	抛物线形

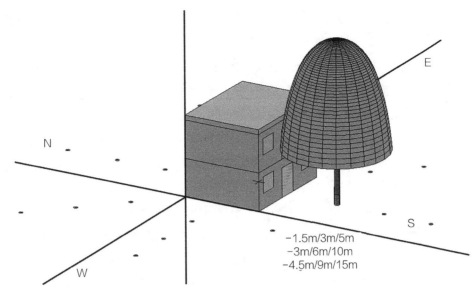

图4-16　植物布置图

（3）阴影模拟框架

Ecotect 软件具有设计师偏爱的3D建模界面，完全集成了广泛的性能分析和模拟功能，可以从详细的气候分析开始，计算各种被动设计技术的潜在效果，或优化太阳能、光和风资源的使用。Ecotect软件可用于即时遮蔽分析，计算任何表面上的入射太阳辐射及其阴影百分比，并提供广泛的阴影生成和显示选项。这些在3D编辑器中有详细的分析方法，在OpenGL视图中有更逼真的投影效果。

1）太阳几何学

太阳最重要的特征是它的季节变化。夏季与冬季相比，有更高的高度角，且运动轨迹长于冬季。

良好的遮蔽设计应该利用这些特征，通常在夏季减少尽可能多的太阳辐射，而在冬季让更多的太阳光入射。

对于民居建筑在夏季，可使阴影完全遮蔽窗户，但是，在冬季，又要使窗户尽可能多地暴露于直射阳光下，使得建筑内部的空间有机会在白天吸收热量。

为了简单起见，假设地球是静止的，太阳在任何时间的位置可以通过其坐标、高度和方位角来描述，并且其在天空中的路径可以通过考虑诸如站点的纬度和经度，以及一天和一年时间变量的一些三角公式来确定，可以根据它们相对于正北（墙方位角）和水平（倾角）的取向来定义。此外，太阳位置和不同建筑物表面之间的关系由墙太阳方位角（水平阴影角）和太阳光线在表面上的入射角来描述。

2）树阴影的几何学

当使用树木遮蔽建筑物时，主要问题是考虑树木在整年和一天的不同时间的阴影。因此，必须考虑三个主要要素：树木的几何形状、特定时间太阳在天空中的位置和需要遮蔽建筑外表面的特性。

一些研究者（McPherson 1984，Terjung & Louie 1972）建议模拟时将树木归纳为椭圆形、抛物线形或圆柱形，或者作为这些形状的组合。本研究也采用将树木形状几何化，为了有更好的遮阴效果，将其假设成抛物线形。

Ecotect软件还可用于：（1）确定现有树木的最佳高度，以便提供冬季阳光和夏季遮阴；（2）预测种植对太阳能接入和日照控制的影响；（3）寻求太阳能收集器的最佳位置，给定现有和未来的阴影模式；（4）计算被树木遮挡的太阳能入射量。

Ecotect软件被开发以评价不透明和釉面的建筑物外表面，通过树阴减少的太阳辐射与总太阳辐射的百分比。单个建筑物和周围的植物由网格坐标定位。输入模型参数包括：建筑朝向、建筑长度、建筑宽度、建筑物墙体高度、阴影对象的基本坐标、阴影物体的高度、植物主干高度、植物冠高度、植物冠直径、植物冠形状、植物遮阳系数。

根据此参数模型，Ecotect软件可计算每个表面日均阴影表面积的百分比。不考虑从叶子和周边环境反射到建筑物表面的少量辐射，假定建筑物位于平坦的水平面上，该水平面用作阴影对象位置的基准。本研究模拟时，为了使总体趋势显著、减少复杂性，将遮阳系数假定为1。

3）树阴模拟

本研究模拟植物与民居最理想的状态，即假设民居建筑周边有足够的空间，没有其他的影响因素，并且根据阴影的特点，将植物种植在最理想的位置（即建筑的中线），这样就会有尽可能多的阴影落在建筑上。根据北半球的气候特点，模拟的方向为东、西、南，以及东南和西南两个角隅的方位。

使用Ecotect软件计算建筑物表面上的植物阴影，模拟结果可以自动计算出每个面的日均遮阳百分比，也可以计算出每个时间点的平均遮阴百分比。在研究区域中，选择三个典型区域，在日历年模拟时间框架内，对单棵树木模拟了5个方位，小乔木进行了45组模拟，中乔木54组，大乔木54组；得出每种类型植物距离建筑的最佳距离和最佳方位，结合地区村落空间的特点，模拟了东、西两侧同一类型树木排列组合的效果，得出其最佳排列方式。在每组进行模拟时，首先模拟在没有遮阴树的情况下，建筑在一天中的平均自遮阴的百分比，然后使用相同的框架，分别模拟与建筑模型相邻的单个遮阴树的遮阴变化情况。

5. 模拟分析的结果与讨论

（1）阴影变化的总体趋势

各个区域阴影变化的总体趋势基本一致，以南豆角村的模拟结果为例进行讨论。模拟结果显示，与建筑相邻种植的树木越大，所提供的阴影水平就越高。也就是说，大乔木不管种植在建筑的哪个方向，都是遮阴效果最好的选择。在住宅建筑的外表面上，最大日平均遮阴百分比出现在建筑西侧，在建筑西墙上产生的日平均遮阴百分比最大可达50%（此数据包括一天中建筑的自遮阴）。当大乔木被放置在离建筑超过5m间距的位置时，建筑物表面的遮阴效果将显著降低。

相比之下，对于中、小乔木，在建筑的东向或西向，仅在距离建筑最近时，可提供大于10%的日均遮阴百分比；当小乔木被放置在≥3m的距离或中乔木被放置在≥6m的距离时，通常产生的日均遮阴百分比低于10%（表4-8、表4-9）。在建筑的所有方位上，小乔木都产生最低水平的阴影，距离建筑越远，阴影水平越低（图4-17），并且节能效益越小。总之，在所有纬度，随着树木尺寸的减小及距离的增加，遮阴效果将显著降低。

模拟还表明，在所有纬度，随着树木尺寸的减小及距离的增加，树阴影也显著减少。例如，在南豆角村，有一棵位于建筑西面、距离建筑5m的大型落叶乔木（高15m），在西墙上5m处的日平均遮阴百分比在6、7、8三个月份分别为35%、33%、37%，但在10m处分别减少到16%、16%、20%，在15m处减少到7%、7%、12%。在屋顶上的日平均遮阴百分比，5m时分别为11%、9%、12%，10m时分别为2%、2%、5%，15m时分别为0、0、1%。

西侧树木在冷却季节的日平均阴影百分比

表4-8

大小	距离（m）	冷却季节种植在建筑西侧的树木在外表面的日均阴影百分比（%）					
		6月		7月		8月	
		西墙	屋顶	西墙	屋顶	西墙	屋顶
无种植	—	50	0	54	0	50	0
小乔木	1.5	56	—	59	—	56	—
	3	53	—	57	—	54	—
	4.5	52	—	56	—	53	—
中乔木	3	68	1	70	1	70	1
	6	60	0	62	0	61	0
	9	56	—	59	—	57	—
大乔木	5	85	11	87	9	87	12
	10	66	2	70	2	70	5
	15	57	0	61	0	62	2

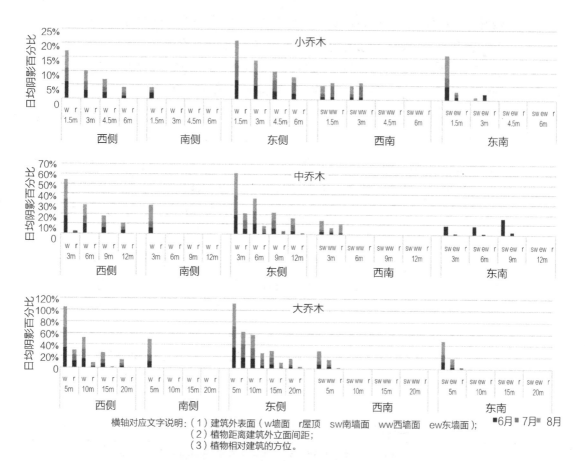

横轴对应文字说明：（1）建筑外表面（w墙面　r屋顶　sw南墙面　ww西墙面　ew东墙面）；
（2）植物距离建筑外立面间距；
（3）植物相对建筑的方位；

图4-17　冷却季节三种类型树木的日均遮阴百分比

东侧树木在冷却季节的日平均阴影百分比　　表4-9

大小	距离（m）	冷却季节种植在建筑东侧的树木在外表面的日均阴影百分比（%）					
		6月		7月		8月	
		东墙	屋顶	东墙	屋顶	东墙	屋顶
无种植	—	50	0	46	0	50	0
小乔木	1.5	57	0	53	0	57	0
	3	55	0	51	0	54	0
	4.5	53	0	50	0	53	0
中乔木	3	69	5	66	9	72	7
	6	61	1	58	4	63	3
	9	56	0	54	3	58	1
大乔木	5	86	18	83	23	89	22
	10	67	5	64	10	73	11
	15	58	1	56	3	63	6

（2）冷却季节的阴影变化趋势

在研究区域内，冷却季节有三个月，在这段时间内，建筑物表面树木的阴影最大化，对于节能和人类健康至关重要。树阴模拟可显示树木阴影变化的一些显著趋势（图4-18）。

在冷却季节，建筑东部或西部的树木配置受太阳高度角的影响，较其他方向可提供更大的平均树阴。在东、西两侧，不同类型树木的影响程度区别也很大，大乔木优势明显大于中乔木和小乔木（图4-19）。

在黄土高原地区，夏季西晒严重，所以民居建筑西侧很少开窗。由于不需要考虑建筑采光的问题，因此西侧除了种植单棵树外，在有足够空间的情况下，可以种植多棵遮阴树。大、中和小乔木均有最佳的种植方式，由于树冠重叠会使每棵树的节能效益折减，为了节省成本，达到节能效益最大化，西侧树木最好采用列植。

根据模拟的建筑模型，如果建筑西侧单独种植小乔木，同一距离可以种植3～4棵。如果要使阴影达到理想状态，那么种植组合方式可以存在两种，模拟显示，（a）模式的平均遮阴大于（b）模式，而且（a）模式树木数量少，减少了种植和管理成本。对于中乔木，可以种植2～3棵，模拟结果与小乔木一致，（c）模式优化了植物的种植方式。大乔木树冠宽度为10m，大于建筑的宽度，所以只有种植一棵树木这一种方式（图4-19）。

综合中乔木、小乔木的模拟结果可以得出，在建筑西侧可种植多棵树的情况下，第一棵树的位置应在建筑中轴线上，且与中轴线相切。这取决于在建筑宽度范围内应有尽量少的树木树冠相切的"缝隙"，因为受树冠自然形态的影响，这个"缝隙"冠层透射率最大，会使得遮阴水平降低。

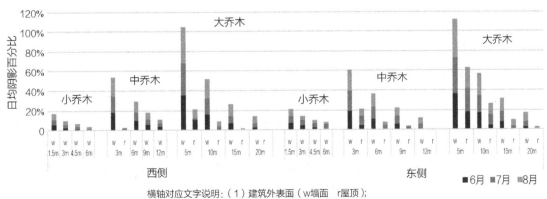

图4-18 建筑东西两侧树木日均遮阴百分比

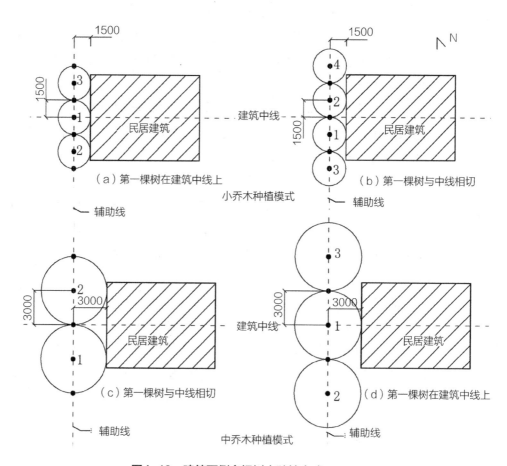

图4-19　建筑西侧多棵树木种植方式

相比之下，南向或西南向树木的阴影一直最低，因为当太阳位于南向时角度较高，太阳基本位于植物正上方，阴影接近正投影，很难落到一侧的建筑上，除非植物距离建筑特别近（图4-20）。

在冷却季节的高峰期，即7月或8月，所有这些阴影变化趋势也将保持。因此南向和西南向的植物种植只有距离建筑最近时，即间距是树冠的半径时，才有可能在建筑上产生阴影。

民居建筑是一种特殊的建筑形式，南向空间上门窗占据了相当大的面积。为了满足采光的需求，建筑南向往往不会种植更多的树木，单棵树的概率相对较高。因此，确定单棵树的位置相对更加重要。

在研究区域的夏季，太阳辐射强度下午高于上午，若要兼顾建筑和院落，那么种植在建筑南北中轴线的西侧是首选位置，而且窗户的透热能力远高于墙体。因此，如果树木可以距离建筑很近，则尽量种植在建筑主要使用空间窗户的南侧。这种情况下，窗户的中线是植物种植主要参考基点。

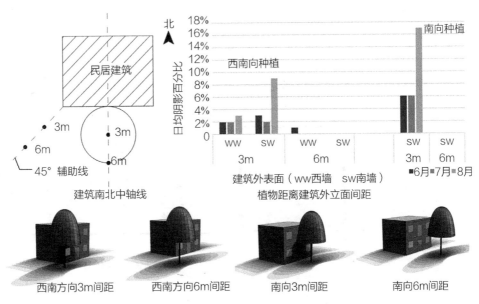

图4-20　6月21日建筑南向和西南向中乔木的阴影变化

（3）加热季节的阴影变化趋势

加热季节主要考虑南向、西南向的树木，尽可能不遮挡冬季阳光进入建筑室内。过去的研究表明，在加热季节如果树冠遮挡阳光，会导致冬季取暖能耗加大。在加热季节虽然黄土高原植物多属落叶型，但是一些植物的落叶时间较晚或枝干较密集，都会影响部分阳光射入建筑中。

为了使模拟效果变化明显，模拟时将树木模型的遮挡效果设置为最大。在加热季节的树阴模拟中，大乔木放置在建筑南向且距离建筑很近时，会产生大量的阴影。这些高阴影水平在早秋，通常在9月变得最明显，同时热能需求开始增加，但直到11月中旬，加热季节才开始。在此时间段内，太阳的角度已经大幅下降，阳光便可以通过冠下空间射入建筑中。

因此，近距离种植在建筑南向、对建筑夏季有良好遮阴的中、大乔木，对冬季太阳光射入的影响并不那么显著。而小乔木的冠下空间有限，在冬季树冠会影响光照，这时则需要在遮阴和冬季光照之间进行取舍。

另一种情况是现实中植物一般不会离建筑很近，这不利于居民在院子里的活动及院落空间的使用。因此，院落空间南向树木在夏季很难在建筑上有落影。南向树木使用的目的是对院落的遮阴，同时还要尽量保证冬季不能遮挡建筑的日照，这时就需要考虑对太阳能采集边界的限制（图4-21），确定南向树木距离建筑的最佳距离。模拟显示，在小乔木大于4.5m、中乔木大于9m、大乔木大于15m的间距时，植物对建筑冬季太阳能射入的影响接近消失（图4-22）。

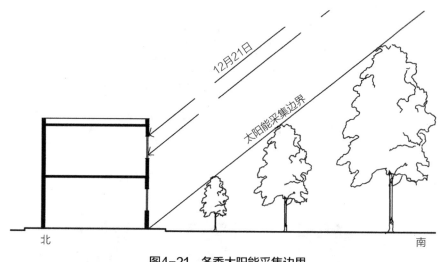

图4-21 冬季太阳能采集边界

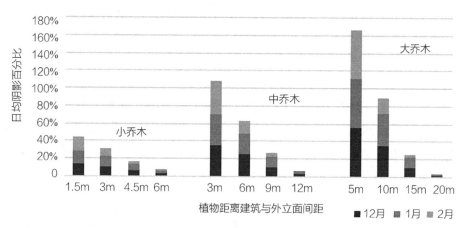

图4-22 加热季节南向树木遮阴变化

4.4.3 民居环境遮阴树种植指南

1. 遮阴树与建筑间距的建议

阴影模拟显示了与树木尺寸相关的对于种植距离的建议。大乔木（15m高）受到与建筑间距增加的影响，种植距离小于中乔木（10m高）和小乔木（6m高）。大乔木被证明在西边5m处能产生最大节能效益，5~10m的距离处都能提供有效的遮阴。另外，建议在6m内种植一棵中乔木，或在3m内种植一棵小乔木，以便在冷却季节，即6、7、8月分别获得大于29%、27%、35%的西墙日均遮阴百分比和大于2%、2%、5%的屋顶日均遮阴百分比。

与东向或西向的树木相比，由于有更高的太阳高度角，南向定位的树木对与建筑间距的增加更敏感，不管树木的类型和大小如何，都应放置在靠近建筑处。

2. 遮阴树相对建筑方位的建议

在研究区域，模拟支持在东部或西部方向种植遮阴树作为节能的最佳选择。然而，当不是只有这一种选择时，遮阴树的选择和布置将取决于纬度和气候。

在黄土高原地区，加热季节有四个月，相对较长，东南或西南方向的树木种植将是次佳的选择。这些方位的树木可提供全年恒定的树阴，在冷却季节可提供更多的阴凉，在加热季节与南向相比，树木对建筑光照的影响较小。

此外，研究区域处于寒冷地区，应避免南向树木的近距离种植，以尽量减少冬季能耗。然而，如果这棵树是必要的，适当的修剪可能有助于减少加热季节的遮阴。此外，增加树干高度（通过修剪下部分枝）将使阳光更好地到达住宅，并因此增加太阳能被动加热。

3. 遮阴树形态特征的建议

除了方位和距离外，树形对遮阴也有一定的影响，如图4-23所示，树形对于低角度的光照具有一定的影响。低角度光照存在于以下三种情况：（1）北纬度地区；（2）在冬季加热季节；（3）日出的东向和日落的西向。所以，在研究区域内，为了在夏季更好地遮挡西晒，建筑西向应种植抛物线形的树木。在冬季，南向尽量选取圆形或椭圆形的树木，从而使阳光更好地到达建筑。

4. 适地适树

"在正确的地方种植正确的树"已经成为使树木利益最大化和成本最小化的普遍理念。这些树阴模拟的结果表明了科学的植物选择和布置对优化阴影效益的重要性，这对节能和提高居民舒适性有积极的作用。尽管较大的树木可提供高水平的阴影，但当太靠近建筑时，它们也可能产生危险或冲突，如对建筑的损害可能会抵消节能的益处。因此，在选择和种植遮阴树时，应仔细考虑树木尺寸和距离之间的折中。

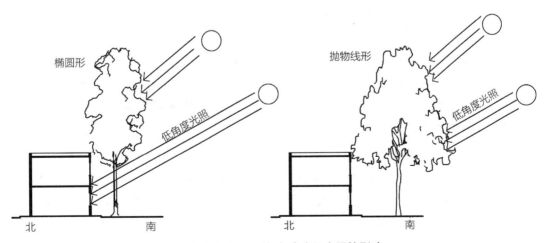

图4-23 树形对低角度太阳光照的影响

但现实情况不可能按照理想的模式来实现，由于住宅周边空间较小，树木可能被种植在次优地点以达到节能。此外，由于大多数现代建筑都配备了空调设备，居民有可能不适应树木安置对其家园太阳能热增益的影响。

当认为遮阴树可以对邻近建筑（联排布局的民居）产生"溢出"遮蔽效益时，科学布置单一树木的使用及效益将被放大。这些遮阴树还可以通过遮蔽有反射的地面（如硬质的院落和街道）、蒸发冷却等实现节能。

此外，树木的选择和安置也必须考虑景观情况的全面背景以及所有潜在的利益。对于民居院落来讲，植物除了辅助建筑节能外，还可以营造舒适的室外环境条件，改善院落及更大范围的生态环境。其关键是要了解树木形式、布局及与建筑、环境的互动，以获得众多的环境效益，然后选择种植配置方法，使树木的效益最大化。

4.4.4 民居常见遮阴树的遮阴效果测定

上述模拟分析得出的植物选择参考标准仅仅是植物的形态结构，如大小、分枝点高度等，对于植物自身的生理结构，如叶的大小、密集程度、叶质和分枝方式等并没有考虑进去。单个树木衰减的太阳辐射的变化归因于每个树木种类的主要特征，包括树冠、树干及叶的形状和大小。树木使太阳辐射衰减的能力不仅与物候学有关，而且与树干类型和树叶的形状和大小有关。

植物的生理指标不同，则植物的遮光率和降温率将会受到影响，那么植物的遮阴效果也不尽相同。所以，需要进一步测定植物的遮阴效果，为植物的选择做参考。由于在民居院落的植物种植中，居民基本选择适合小区域种植的果树，而且每个区域基本都是1~2种，它们之间没有比较的意义，因此，本研究只对扩大院落的植物进行比较。

研究区域常见的大乔木有杨树、柳树、榆树和国槐，这些树也是黄土高原从东南到西北各生物气候区都能生长良好的树种。重点研究区域位于黄土高原东南湿润区，这里的泡桐也是能生长良好的乡村常见树种；榆树不耐水湿，在东南部应用很少。因此，本研究只比较杨树、柳树、国槐和泡桐。

1. 测定目的

对黄土高原半湿润区民居绿化区域常用大乔木的遮阴效果进行测定比较，遮阴效果作为今后民居绿化树木选择的一个参考标准。

2. 测定原理

关于园林树木的遮阴和降温作用，已有较多研究成果。树木因受阳光照射而产生阴影，其阴影的方向取决于太阳的方位角，而阴影的长度除受树木高度的影响外，还取决于太阳的高度角。阴影的宽度则由树木本身的冠形、冠幅所决定。由于地球不停地运动，因而太阳的方位角和高度角也相应发生变化，故在一天和一年内不同的时间和季节，树木阴影的方向和长短也随之发生相应的变化。

（1）遮光率

树木阴影的产生及其浓淡，主要由树体所能透过的太阳直射光的量和阴影所接收的来自周围环境的散射光的量所决定。所以，树木阴影内的照度较全光下的照度小。树木阴影部位照度减少的能力即为遮光率，是衡量阴影质量的标准之一。

$$L = \frac{I - I'}{I} \times 100\%$$

式中　L ——遮光率，%；

　　　　I ——全光照下的光照度，lx；

　　　　I' ——树阴中心部位的光照度，lx。

树木的遮光率主要受树冠疏密度、叶面大小和叶片不透明度的影响，这三个因素共同发生作用，较难准确地以数值的方式来表示。而遮光率能将这三个因子对树木阴影的综合影响比较集中、准确地表示出来。

（2）降温率

树木阴影内的照度减少以后，也相应地使其温度有所下降，降温率的计算方法如下：

$$T = \frac{t - t'}{t} \times 100\%$$

式中　T ——降温率，%；

　　　　t ——全光照下的温度，℃；

　　　　t' ——树阴中心部位的温度，℃。

（3）阴质

园林树木的遮光率和降温率共同对人们的生活和工作环境发生着作用，所以，树木阴影的质量可以表示为：

$$M = L \times T$$

式中　M ——阴质；

　　　　L ——遮光率，%；

　　　　T ——降温率，%。

关于阴质的单位，建议用"阴度（n）"表示。

（4）遮阴效果

衡量树木遮阴效果的指标是阴质与遮阴面积，当阴质相同时，遮阴面积越大，遮阴效果越好。树冠阴影的面积主要由树冠的形状、大小和太阳的高度角决定，当视太阳的光线为平行线，地面为平面时，阴影的宽度与树冠的宽度相等，树冠的高度可直接测得。

$$遮阴面积（S）=\left[（南北冠幅+东西冠幅）/4\right]^2\pi$$
$$遮阴效果（P）=阴质（M）\times遮阴面积（S）$$

但是，当树冠的冠幅较大、下部枝叶外缘的轮廓线与地平面（或与地平面平行的平面）的夹角小于太阳高度角时，树冠下部受太阳照射的部分将在树冠阴影的下部，形成一个以光线与树冠外缘切点至树干的距离为半径（图4-24中的R_1）的近似半圆形的阴影。而当树冠顶端的阴影落在整个树冠阴影之内时，则将在树冠阴影之上，形成一个以树冠上部阴面与光线切点至树干的距离为半径（图4-24中的R_2）的近似半圆形的阴影。树冠的形态多种多样，一般树木的阴影面积较难准确地计算出来，但可求得其近似值。

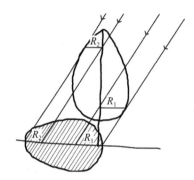

图4-24 阳光下树冠形成的阴影形状及位置

（图片来源：陈耀华. 关于行道树遮阴效果的研究［J］. 园艺学报，1988，15（2）：135-138.）

3. 测定仪器及材料

测定仪器及材料包括照度计、测温仪、皮尺、钢卷尺、围尺、测高器、记录板、记录表。

4. 测定步骤

测试地点均选在西安地区，测量日期选择西安月平均气温较高的8月某天，当日晴天，无大风等特殊气象因子，测量时间为15：00～17：00。

（1）选择各分区使用频度较高的5个树种，每种尽量选择单株生长的树木3株。

（2）测定每株树的树高、枝下高、冠长、南北冠幅、东西冠幅；测定阴影中心部位1.5m高处的光照强度（I'）和气温或地表温度（t'）；测定附近全光照下的光照度（I）和温度（t），每个指标重复测量3次，取平均值，记录见表4-10。

5. 结果分析

选择不同地点对每种树的3个样本进行详细测量计算后，得出的遮阴效果见表4-10。由此可以得出，黄土高原半湿润地区乡村常见的几种大乔木的遮阴效果排序为国槐<柳树<泡桐<杨树，可以为扩大院落东西向和南向遮阴树木的选择做参考。

几种常见遮阴树遮阴效果测定结果

表4-10

树种	序号	冠幅 (m)	树高 (m)	枝下高 (m)	东西冠幅 (m)	南北冠幅 (m)	全光照		树阴中心		遮光率 (%)	降温率 (%)	阴质 (n)	遮阴面积 (m²)	遮阴效果
							光强 (lx)	温度 (℃)	光强 (lx)	温度 (℃)					
国槐	1	4.2	8.5	5.1	5	4.8	38900	36.6	15800	32.5	59.4	11.2	665.3	18.8	12507.6
	2	5.3	7	3	6.4	8.2	35500	35.7	19700	31.8	44.5	10.9	485.1	41.8	20277.2
	3	3.2	5.5	4.1	4.1	5	31300	37.2	20500	32.8	34.5	11.8	407.1	16.3	6635.7
平均															13335.0
泡桐	1	11.7	15.5	4.8	14.4	9.2	25600	36.3	10400	34	59.4	6.3	374.2	109.3	37949.0
	2	10.2	10	3.5	11.1	8	38200	40.1	17700	35.3	53.7	12	644.4	71.6	46139.0
	3	11	12.6	4.2	12.4	8.5	31800	38	14000	34.6	56.0	8.9	498.4	85.7	42712.9
平均															42266.9
杨树	1	8.3	9.3	3.7	7.9	9.6	36000	39.1	8300	34.9	76.9	10.7	822.8	60.1	49450.3
	2	11.4	24	2.9	22.2	10.9	35000	37	10100	33.5	71.1	9.5	675.5	215.0	72616.3
	3	7.9	12	3	18.5	6.6	33400	36.4	10300	34	69.2	6.6	456.7	123.7	28246.9
平均															50104.5
柳树	1	8.4	10.2	2.2	8.6	6.6	44300	38.8	10400	35.1	76.5	9.5	726.8	45.3	32924.0
	2	7.2	8.9	2	8.1	6	39600	37.2	13500	35.3	65.9	5.1	336.1	39.0	13109.5
	3	7.8	10	3	4.3	6.2	41900	38	11900	35	71.5	7.9	564.9	21.6	12201.8
平均															19411.8

但是，这里遮阴效果只是通过降温率和遮光率两个指标进行计算，实际上，对于植物遮阴后的温度变化也受很多因素的影响，如植物本身的蒸腾、环境的光反射强度、风等，而且这些因素在不同时间、不同地点的影响程度也不尽相同。

首先，测试时间的影响。通过对几种常见遮阴树遮阴效果测定的结果分析得出，相同的树种在同一天同一场所下午2：00以后测试，如果有一定时间差，会造成一定的误差。因为随着时间的变化，太阳高度角也随之变化，测试时间相对晚一些的树木，其遮阴面积会有所变大，这样与阴质相乘后的结果会变大，导致遮阴效果的结果值偏大。如表4-10中国槐的结果，三棵树均为同一场所的行道树，环境因子的影响相近，因为测试时间逐渐退后，所以结果也呈递增状态。

其次，测试场所的影响。测试的场所不同，环境的反射强度及风的大小均不同，同一树种在同一时间段测试，如果场所有所变化，结果也会受到一定的影响。如表4-10中泡桐的第1、2号两棵样本树，测试时间相差不到5min，1号树木周边有混凝土街道的反射及周边树丛对风的影响。2号树与1号树的间距为30m，与1号树相比，阴影的位置距离混凝土路面较远，并且少了周边树丛这个屏障，在宽敞的耕地边上，导致同一种树在同一时间段内测试的结果有所差异。

除此之外，还有人为及设备的影响。在测试过程中需要确认测量阴影的南北宽和东西宽以计算遮阴面积，还要选择阴影中心以测试阴影下的光照强度和温度，这些数据会因测试人的不同而出现不同的结果。一方面，植物形成的阴影是不规则的，测试南北和东西宽度的位置不同，结果就有所差异；另一方面，植物阴影的不规则导致在选择阴影中心位置时，不同人选择的位置也会有所差别，同样会得出不同的测试结果。

根据上面的问题分析得出，在进行遮阴树遮阴效果测试时应注意以下问题：（1）同一树种选择的场所应该尽量保持周边环境相差不大，而且测试的时间差尽量缩短；（2）不管是测试阴影的大小，还是测试阴影部分的温度和光照强度，都要多次测量取平均值，尽量减小误差。

对于全光照下的温度和光照强度，也是采取相同的办法。即使通过上述方式尽量减小了误差，但由于环境因素是一个不可控的因素，也会有一定误差。如前一分钟和后一分钟的风速会相差很大；同一树种生长势不同、冠密度不同，它的蒸发效果也不尽相同等，这些影响因素都是复杂而不可控的。因此，对遮阴树遮阴效果的测定，不可能是一个准确的数据，在测试的过程中只能尽量减小误差，不能排除所有误差。

虽然国槐和泡桐在测量过程中存在一些误差，但并不影响整体对比趋势，前面得出遮阴效果的结果为：国槐<柳树<泡桐<杨树，此结果可以为扩大院落东西向和南向遮阴树的选择做参考。

4.5 小结

本章通过对典型村落的院落温湿度进行实测分析，讨论了利用植物调节小气候的必要性及需求：民居建筑、院落及民居院落过渡空间都有气候种植需求。受民居用地的限制，遮阴树种植是可实现的形式。

本章上升到科学层面，利用计算机软件进行模拟，根据植物的不同类型，结合住宅空间的使用及研究区域的实际情况，确定了在不同方位遮阴树与住宅建筑的间距界限，得出了最优化的植物布置方式及种类选择。

1. 院落空间种植建议

西南及西侧是植物发挥最大效益的位置，若临近建筑，则会与建筑结合，营造更舒适的小环境；若靠近院落中间，则会有更多的遮阴效果。在空间允许的范围内，尽可能选择覆盖面积大的植物或种植多棵植物。

2. 遮阴树相对建筑的布置建议

（1）遮阴树与建筑间距的建议

大乔木（15m高）受到与建筑间距增加的影响小于中乔木（10m高）和小乔木（6m高）；大乔木被证明在西边5m处能产生最大节能效益，5～10m的距离处都能提供有效的树阴。另外，建议在6m内种植一棵中乔木，或在3m之内种一棵小乔木，以便在夏季6、7、8月分别获得最大的阴影效益；南向为保证冬季院落日照，小乔木（6m高）种植在4.5m以外、中乔木（10m高）种植在7m以外、大乔木（15m高）种植在15m以外（基本属于街巷空间）时，对住宅的日照遮挡几乎消失。

（2）遮阴树相对建筑方位的建议

在黄土高原地区，除了西侧，东南或西南将是树木种植的次佳位置。在这些方位的树木在夏季可提供更多的阴凉，在冬季与南向树木相比对日照的遮挡较少。由于处于寒冷地区，应避免南向树木的近距离种植，以尽量减少冬季能耗。然而，如果这棵树是必要的，则适当修剪可能有助于减少加热季节的遮阴。

（3）树的形态特征的建议

在夏季，为了更好地遮挡西晒，建筑西向种植抛物线形的树木，可以遮挡更多的太阳光；在冬季，南向尽量选取圆形或椭圆形的树木，可以使阳光更好地到达建筑。

5

黄土高原典型植物生长习性及其院落生活适应性支撑技术

院落空间环境对植物生长所需的光照、温度和水分因子有所影响，那么，院落中的上述因子发生了怎样的变化，其变化规律以及植物对其变化后条件的适应和利用问题是本章重点讨论的内容。

在常识层面，住宅周边的气候因子变化如下：

（1）住宅的南边，是一年中接受阳光照射最多的地带，在夏季的清晨和黄昏是处于阴影之中的，在冬季是最暖和的地方。

（2）住宅的东面，是所有区域中最温和的，早上能接受阳光的照射，但午后则有阴影。

（3）住宅的北面，是所有区域中最冷、最暗、最潮湿的地方，一年中大多数时候没有阳光，在夏季的清晨和黄昏时能有阳光。

（4）住宅的西面，接受午后阳光的直接照射，但早晨处于阴影中；夏季时是最干燥、最热的地方。

总之，在夏季，住宅所有的方向都能受到阳光的照射；同样，住宅所有的方向都能形成阴影。最大的阴影区出现在住宅的东边或西边，南边或北边有较小的阴影区。在冬季，住宅的北边没有阳光直射，南边没有阴影区。一年里，住宅南边接受的阳光最多，北边最少。

在科学层面：

（1）需要确定在冬至日和夏至日的一天中，民居建筑对日照遮挡的准确范围，以便对植物种植设计起到指导作用。

（2）需要确定建筑周边环境水分的影响因素，讨论院落环境中受水分影响的植物的生长条件，得出植物种植及种类选择要点。

（3）需要确定院落内温度的变化规律，确定植物种植位置和种类的选择。

5.1 植物生长习性

5.1.1 植物生长习性的概念

植物生长习性包括生态习性和生活习性。生态习性是植物固有的属性，生活习性是植物能良好生存的生活环境，是植物与环境在长期的相互作用下所形成的固有适应属性。如水生植物长期生活在水中，就形成了有气孔、干轻中空、叶片中有气囊等固有的生态习性。

5.1.2 植物生长习性的影响因子

在植物的生长发育过程中，生态因子（光、温度、水、大气和土壤等）有着重要的生态作用。

1. 光

在自然界中，有些植物只有在强光照环境中才能生长发育良好，而另一些植物却在较弱光照条件下才能生长发育良好，这些充分说明各种植物的需光程度不同，这与植物的光合能力相关。通常根据植物对光照强度的要求，把植物分为阳性植物、阴性植物和耐阴植物三大生态类型。

（1）阳性植物

喜光而不能忍受阴蔽的植物，在全光照或强光下生长发育良好，在弱光或阴蔽条件下生长发育不良，树木在林冠下不能完成更新。需光量一般为全日照的70%。该类植物多生长在旷野、路边，群落的先锋植物均属此类。该类植物包括松属（华山松、红松例外）、落叶松属、水杉、侧柏、桦木属、桉属、杨属、柳属、相思树、刺槐、楝树、金钱松、水松、落羽杉、银杏、板栗、漆树属、泡桐属、刺楸、臭椿、悬铃木、核桃、乌桕、黄连木、芍药等。此外，草原和沙漠植物也都是阳性植物。

（2）阴性植物

阴性植物是指在较弱的光照条件下比在强光下生长良好的植物。需光量一般为全日照的5%~20%。该类植物具有较强的耐阴能力，在气候较干旱的环境下，常不能忍受过强光照，林冠下可以正常更新。这类植物的光饱和点、光补偿点均较低，呼吸作用、蒸腾作用都较弱，光合速率和呼吸速率也较低，抗高温和抗干旱能力较低。但阴性植物对光照要求也不是越弱越好，当光照低于它们的光合补偿点时，也不能生长。

阴性植物多生长在阴暗、潮湿的生境中，如背阴的山涧和森林。对于阴性花卉，要求适度庇阴方能生长良好，不能忍受强烈直射光线，生长期间要求50%～80%庇阴度环境，如自然群落中下层或潮湿背阴处。该类植物包括冷杉属、福建柏属、云杉属、铁杉属、粗榧属、红豆杉属、椴属、杜英、八角金盘、常春藤属、八仙花属、紫楠、罗汉松属、香榧、黄杨属、蚊母树、海桐、枸骨、桃叶珊瑚属、紫金牛属、杜鹃花属、络石、地锦属，药用植物人参、三七、半夏、细辛、黄连，以及阴生蕨类、兰科的多个种等。

（3）耐阴植物

耐阴植物在全光照条件下生长最好，尤其是成熟植物，但也能忍受适度的阴蔽，或其幼苗可在较阴蔽的环境中生长。它们既能在全光照条件下生长，也能在较阴蔽的地方生长，但不同植物的耐阴性不同。耐阴树种包括侧柏、胡桃、五角枫、元宝枫、桧柏、樟、珍珠梅属、木荷、七叶树等。

植物耐阴的能力一般称为耐阴性。耐阴性强的植物在弱光下能正常生长发育。将植物耐阴性按次序排列，对栽培应用有很大帮助，如华北常见乔木按照对光照强度的需要，由大到小排序是：落叶松、柳属、杨属、白桦、黑桦、刺槐、臭椿、白皮松、油松、栓皮栎、槲树、白蜡、蒙古栎、辽东栎、红桦、黄檗、板栗、白榆、春榆、赤杨、核桃楸、水曲柳、国槐、华山松、侧柏、裂叶榆、红松、槭属、千金榆、椴属、云杉属、冷杉属。

阳性植物的寿命一般较耐阴性植物短，但生长速度较快；而耐阴植物生长较慢，成熟较晚，开花结实也相对较迟。从适应环境条件来说，阳性植物对干旱、瘠薄的土壤有一定抗性，对不良环境的适应能力较强；耐阴植物则需要比较湿润、肥沃的土壤条件，对不良环境的适应性较差。

影响植物耐阴性的因素主要有以下3个方面：

一是年龄。幼龄林，特别是幼苗阶段，耐阴性较强，随着年龄的增加，耐阴性逐渐减弱，特别在壮龄林以后，耐阴性明显降低，需要更强的光照。

二是气候。在气候适宜的条件下，温暖湿润地区的植物耐阴能力比较强，而在干旱瘠薄和寒冷条件下，则趋向喜光。同一植物处在不同的气候条件下，耐阴能力存在一定差异。在低纬度、温暖湿润地区，植物往往比较耐阴，而在高纬度、高海拔地区，则趋向喜光。

三是土壤。同一植物，生长在湿润、肥沃土壤上的，耐阴性较强，而生长在干旱瘠薄土壤上的，耐阴性较差。一般来说，一切对植物生长条件的改善都有利于植物耐阴性的增强。

2. 温度

植物的一切生理生化作用都是在一定的温度环境中进行的。当温度升高时，植物的生命活动就随之加强，直到一个最佳温度为止，以后就逐渐减弱。一般植物最适宜的生长温度在$0 \sim 35℃$，有些植物可以达到$40℃$。在这个范围内，温度上升，生长加快；温度降低，生长减慢。植物在一年中，从树液流动开始到落叶为止的日数称为生长期。一般南方树种的生长期比北方长。

在生长季中，各种树木的生长期变化很大，大多数落叶阔叶树在初霜前结束生长，而在终霜后恢复生长，它们的生长期短于生长季；也有一些树种，如柳树，发芽早而落叶晚，生长活动超出生长季之外；常绿树种，特别是针叶树种，在霜期内温度较高的日子里仍有不同程度的生长现象。

3. 水

植物生长发育需要适当的水分。水分不足时，植物生长缓慢或停止生长；水分亏缺时，植物会发生萎蔫，发生永久萎蔫时植物就会死亡。水分过多，使土壤通气不良，植物根系缺氧，轻者烂根，严重时窒息死亡。只有在适当的范围内，才能保持植物的水分平衡，从而保证其最适宜的生长条件。

由于长期生活在不同的水环境中，植物会产生固有的生态适应特征。根据水环境的不同，以及植物对水环境的适应情况，可以把植物分为水生植物和陆生植物两大类。水生植物类型很多，根据生长环境中水的深浅不同，可划分为挺水植物、浮水植物和沉水植物。生长在陆地上的植物统称为陆生植物，可分为旱生植物、湿生植物和中生植物3种类型。

（1）旱生植物

旱生植物是指在干旱环境中能正常生长的植物，其能长期忍受干旱环境。这类植物在形态和生理上具有多种多样的适合干旱环境的特征，多分布于荒漠地区。

旱生植物在形态结构上的特征主要表现在两个方面：一方面是增加水分的吸收；另一方面是减少水分的散失。发达的根系是增加水分吸收的首要条件。常用于园林上的旱生植物有马尾松、雪松、麻栎、栓皮栎、小叶栎、构树、旱柳、枣树、橡皮树、骆驼刺、木麻黄、文竹、天竺葵、天门冬、杜鹃、山茶、肉质仙人掌等。

（2）湿生植物

湿生植物是指适合生长在潮湿环境中，且抗旱能力较弱的植物。这类植物的根系不发达，但具有发达的通气组织，如气生根、板根和膝状根。根据湿生植物生活的环境特点，还可将其划分为阴性湿生植物和阳性湿生植物两个亚类。

阴性湿生植物也称为耐阴湿生植物，主要生长在阴暗潮湿的环境中。阳性湿生植物也称为喜光湿生植物，主要生长在光照充足、土壤水分经常处于饱和状态的环境中。常用于园林绿化的湿生植物有水松、水杉、池杉、枫杨、垂柳、秋海棠、马蹄莲、龟背竹、翠云草、蒲桃、灯心草等。

（3）中生植物

中生植物是指适于生长在水湿条件适中环境中的植物。这类植物种类多、数量大、分布最广，它们不仅需要适中的水湿条件，同时也要求适中的营养、通气和温度条件。

中生植物具有一套完整的保持水分平衡的结构和功能，其形态结构及适应性均介于湿生植物与旱生植物之间，其根系和输导组织均比湿生植物发达，随水分条件的变化，可趋于旱生方向，或趋于湿生方向。园林植物中大多数属于中生植物，如油松、侧柏、乌桕、月季、紫穗槐、扶桑、茉莉、棕榈、君子兰及宿根、球根花卉等。

植物生活需要的水分大部分是通过根系从土壤中吸收的，而土壤水分主要来源于人为灌水和大气降水，在正常降水满足不了植物生命活动的需求时，才用人工灌水的形式进行补充。因此，降水对植物生长发育有很大的影响。

雨水对园林植物的影响，除了降雨量和季节分配以外，还与降水强度、降水频率、降水持续时间有密切关系。降雨强度过小，如果在高温季节，雨水随时就会蒸发，对树木生长起不到应有的作用。如果降水强度大而集中，土壤不能渗透吸收，会造成地表径流过大，导致水土流失，树木根系外露，甚至会造成水灾。

植物在不同地区和不同季节，吸收和消耗的水量不同。在低温地区和低温季节，植物吸水量和蒸腾量小，生长缓慢；在高温地区和高温季节，植物蒸腾量大，耗水多，生长旺盛，生长量大。根据这一特点，在高温地区和高温季节必须多供应水分，才能保证植物对水分的需要。

4. 土壤

土壤的物理性质、化学性质及土壤生物对植物的生长发育都有着重要的影响。

土壤的物理性质是指土壤质地、密度、重度、孔隙性等，以及与此有关的土壤水分、土壤空气和土壤热量的变化情况。

土壤的化学性质主要是指土壤的酸碱性、保肥性和供肥性、有机质和矿质营养元素状况。它们的强弱和含量的多少对土壤肥力均有重大影响，因此与植物的营养状况有密切关系。

土壤生物包括微生物、动物和植物根系，它们对土壤的有机质积累、粉碎、分解，林木生长和生态系统养分循环等都有重要作用。

5. 风

风是一种重要的生态因子，对植物有直接和间接的影响，对陆地植物的生长、发育和繁殖具有重要影响。

首先，风会影响植物的表型结构。一般来说，在风的作用下植物普遍矮化，冠幅减小，从而减小弯曲力矩。另外，植株向背风面弯曲，整个植冠呈不对称的流线形，形成所谓的"旗形树"，有助于减少风对树冠的拖拽力。风还会影响树木的发育，使植冠构型更紧凑，侧枝与主干的夹角减小，这样既不影响对光的捕获，又增加了对风的抵抗能力。而有些植物则通过减小基径来应对风。风还会影响植物的内部结构，继而影响其水分调节和光合生理，叶表面受损会大大减弱植物控制水分蒸腾的能力。

其次，风对植物的根系有一定影响。植物的固着能力与根系的构型有关，植物要克服风产生的力，必定以特定的根系构型来增强稳固性。研究表明，根系的固着力是由迎风面与背风面根系的综合作用产生的，迎风面根系为植株提供拉力，背风面根系为植株提供支持力。因此，要形成强大的固着力，根必须扎入土中，根-土界面的结合力越大，根表面积越大，限制根向上拉伸的力就越大。

最后，在风的胁迫下，植物蒸腾速率会发生变化，且因风强度、持续时间和植物种类的不同而不同。一般来说，风会提高植物的蒸腾速率，但大风则会降低蒸腾速率。

5.2 黄土高原典型植物生长习性

5.2.1 黄土高原典型研究区域的生态因子概述

根据地形地貌和地理特征，可将典型研究区域分为三个部分，即汾渭盆地豫西地区、晋中山地台地地区和渭北子午岭残垣丘陵沟壑区。这些区域的环境条件有所不同，植物的种类也有一定的差异。

汾渭盆地豫西地区：本区位于全区的东南角，其北界在黎城、灵石、韩城、富平、宝鸡一线，包括秦岭北麓、关中平原、晋东南和豫西北等地。区内年降水量500～700mm，干燥度1.3～1.5，年平均气温12.5～14.5℃，大于等于10℃积温4000～4900℃。它是全区最温暖、最湿润的地区，植物区系和植被类型的复杂性和多样性也很明显。

晋中山地台地地区：本区相当于吕梁和太行之间、汾河中地上游晋中地区，自东而西包括灵丘、五台、忻州、太原、介休、石楼和吉县等地。区内年平均气温8～12℃，年降水量450～550mm，大于等于10℃积温3000～3500℃，6～8月平均气温20～23℃。本区多山，山地高程一般在2000m以上，东西山地之间有宽阔的汾河谷地和星散分布的山间盆地。海拔1000m以下可种植苹果、白梨、李、核桃、枣树等温带果树。

渭北子午岭残垣丘陵沟壑区：本区地处森林区北缘，东至黄河，南邻关中盆地，西至天水葫芦河以东，包括延长、宜川、甘泉、富县、铜川、长武、泾源、张家川和天水等地。区内年降水量500～600mm，年平均气温8～12℃，大于等于10℃积温3000～3500℃，由南向北有所降低。自然植被的落叶阔叶林以辽东栎、油松、山杨、白桦等树种为主。

5.2.2 黄土高原典型研究区域植物生长习性分析

前面的概述主要按光照、水分、温度、土壤等因素对植物进行分类，研究区域的民居常用植物分类也将参照以上的分类方式。对于院落小环境来讲，对土壤的影响主要集中于水分，其他因素随大环境变化而变化。所以，院落小环境对植物适应性的影响因素主要考虑光照、温度和水分。以下，从环境因子分类的角度，分析研究区域植物的生长习性。

1. 按光照分

研究区域植物按光照分为阳性植物、阴性植物和耐阴植物。如表5-1所示，在汾渭盆地豫西地区，阳性植物、耐阴植物和喜阴植物分别占62.5%、34.4%和3.1%；在晋中山地台地区，阳性植物、耐阴植物和喜阴植物分别占73.7%、21%和5.3%；在渭北子午岭残垣丘陵沟壑区，阳性植物、耐阴植物和喜阴植物分别占57.9%、36.8%和5.3%。

由此可见，民居中常用植物的种类以阳性植物和耐阴植物为主，喜阴植物应用不多，也就是说，居民对于阴影区植物的种植考虑较少，主要关注日照充足的地块。

研究区域民居常用植物光照适应性分类

表5-1

分区	代表区域（县、市）	阳性植物	耐阴植物	喜阴植物
汾渭盆地豫西地区	西安、宝鸡、洛阳、三门峡、运城、临汾	梧桐、臭椿、柿树、刺槐、核桃、毛栗子、构树、柳树、榆树、白梨、杨树、楸树、合欢、桃树、石榴、花椒、猕猴桃（喜半阴）、无花果、扁柏、月季等	泡桐（喜光，较耐阴）、香椿（喜光，较耐阴）、国槐（喜光，稍耐阴）、大叶黄杨（喜光，稍耐阴）、丁香（喜光，稍耐阴）、紫薇（喜光，稍耐阴）、桂花（喜光，也能耐阴）、牡丹（喜光，耐半阴）、金银花（喜阳，耐阴）；云杉（喜光，稍耐阴）等	爬山虎（喜阴湿，耐强光）
晋中山地台地区	太原、宁武、五台、吉县	臭椿、柿树、核桃、樱桃、白梨、榆树、枣树、杏树、苹果、桃树、圆柏、旱柳、油松、杨树等	山楂（喜光，也能耐阴）、国槐、李（喜光，也能耐阴）、云杉等	爬山虎（喜阴湿，耐强光）
渭北子午岭残垣丘陵沟壑区	天水、淳化、富县	苹果、葡萄、泡桐、杨树、柳树、白梨、榆树、石榴、菊花、梅花等	槐树、牡丹（喜光，耐半阴）、月季（喜光，稍耐阴）、丁香（喜光，稍耐阴）、萱草（喜光，又耐半阴）、连翘（喜光，有一定的耐阴性）、凌霄（喜阳光充足，也耐半阴）等	爬山虎（喜阴湿，耐强光）

2. 按温度分

研究区域植物根据温度分为耐寒植物、不耐寒植物和半耐寒植物。根据表5-2中植物对温度适应性的统计，在汾渭盆地豫西地区，耐寒植物、不耐寒植物占的比例分别是87.5%和12.5%；在晋中山地台地区，耐寒植物、不耐寒植物分别占89.5%和10.5%；在渭北子午岭残垣丘陵沟壑区，耐寒植物、不耐寒植物分别占74.7%和5.3%。因此，在黄土高原地区，受大背景环境的影响，大部分民居常用植物都具有耐寒的特性。

研究区域民居常用植物温度适应性分类　　　　　　　　表5-2

分区	代表区域（县、市）	耐寒	不耐寒
汾渭盆地豫西地区	西安、宝鸡、洛阳、三门峡、运城、临汾	臭椿、柿树、刺槐、核桃、毛栗子、构树、柳树、榆树、白梨、杨树、合欢、紫薇、石榴、桂花、花椒、大叶黄杨、猕猴桃、扁柏、月季、牡丹、丁香、香椿（耐寒性与树龄有关）、国槐、云杉、爬山虎	梧桐、楸树、无花果、泡桐
晋中山地台地区	太原、宁武、五台、吉县	臭椿、柿树、核桃、樱桃、白梨、榆树、枣树、杏、苹果（白天暖和，夜间寒冷）、桃树、圆柏、旱柳、油松、杨树、山楂、李、云杉、爬山虎等	山楂（耐高温，也耐寒）、李子（耐高温，也耐寒）等
渭北子午岭残垣丘陵沟壑区	天水、淳化、富县	苹果、葡萄（受品种影响）、杨树、柳树、牡丹、石榴、白梨、连翘、梅花、榆树、菊花、萱草、槐树、月季、丁香、凌霄、爬山虎等	泡桐

3. 按水分分

研究区域植物根据水分分为耐旱（旱生）植物、耐湿（湿生）植物和中生植物。依据表5-3中植物对水分适应性的统计，在汾渭盆地豫西地区，耐旱（旱生）、耐湿（湿生）和中生植物分别占81.3%、15.6%和3.1%；在晋中山地台地区，耐旱（旱生）、耐湿（湿生）和中生植物分别占84.2%、15.8%和0；在渭北子午岭残垣丘陵沟壑区，耐旱（旱生）、耐湿（湿生）和中生植物分别占94.8%、5.2%和0。由此可以看出，研究区域民居常用的植物大多为耐旱植物，耐湿（湿生）植物仅有少量应用，中生植物是应用最少的。

综上所述，对黄土高原民居现状常用植物进行分类梳理后得出，整个重点研究地区的民居应用耐寒、耐旱的植物比重大，这些植物能适应该地区的气候条件。但是，院落空间与自然环境有一定的区别，其有独特的小环境。所以，在大环境背景下不能生长或生长不良的植物，在院落这个小环境下有可能是正常生长的。为了增加院落内部植物的多样性，应该利用好院落这个独特的小环境。

当然，院落空间的环境条件也会有不利于植物生长的一面。因此，如何利用好院落这个小环境，尽可能增加院落植物的多样性，需要对院落小环境中的主要生态因子，如温度、水分及光照进行进一步探讨与分析。

研究区域民居常用植物水分适应性分类　　　　　　　　　　　　　表5-3

分区	代表区域（县、市）	耐旱（旱生）	耐湿（湿生）	中生
汾渭盆地豫西地区	西安、宝鸡、洛阳、三门峡、运城、临汾	梧桐、臭椿、柿树、刺槐、核桃、毛栗子、构树、榆树、杨树、合欢、桃树、石榴、花椒、无花果、扁柏、月季、泡桐、国槐、大叶黄杨、丁香、紫薇、桂花、牡丹、金银花、云杉、爬山虎等	柳树（中性偏湿）、白梨、楸树、香椿、金银花（也耐旱）	猕猴桃
晋中山地台地区	太原、宁武、五台、吉县	臭椿、柿树、核桃、榆树、枣树、杏、桃树、圆柏、油松、杨树、山楂、云杉、爬山虎等	樱桃、白梨、枣树（也耐旱）、旱柳	
渭北子午岭残垣丘陵沟壑区	天水、淳化、富县	苹果、葡萄（对水分控制较严格）、泡桐、杨树、柳树、白梨、榆树、石榴、菊花、梅花、萱草（也喜湿润）、连翘、凌霄、爬山虎等	萱草	

5.3　黄土高原植物对民居院落的适应性

5.3.1　植物对光照的适应性

1. 住宅日照遮挡分析

在民居院落中，住宅建筑是一个主要的固定因素，可以将其看作固定的坐标，分析其周边的日照变化。

在实际应用过程中，可以一直利用太阳运动轨迹和高度角的关系，计算夏季和冬季一天中不同时间建筑的阴影形式。为了更直观地观察建筑周边在冬至日和夏至日一天中的日照遮挡变化，本研究采用软件模拟的方法，对常见的1～3层民居进行日照遮挡分析。目标是通过分析冬至日和夏至日一天中建筑形成的阴影叠加效果，从而得出建筑四个方向的阴影变化规律、变化范围及日照时间，以便种植植物时能充分利用阴影关系，将不利条件转为有利条件，增加植物的多样性。

（1）分析内容

光照时间可分为连续光照时间和累计光照时间，连续光照时间一般是指最大连续光照时间，累计光照时间是指当有两个或两个以上连续光照时间段时累加的光照时间。这两个时间都对植物有重要意义，各地可根据具体情况来进行规定。本研究分别计算夏至日和冬至日一天中的连续光照时间，以作为植物光照分析的临界值。

光照间距系数就是根据光照标准确定的房屋间距与遮挡房屋檐高的比值，用来约束建筑与建筑之间的距离，这对庭院植物是有积极意义的。

（2）分析对象

研究区域的民居以1～3层为主，分为1层、2层和3层三种层高，有独立和联排两种布局形式。在研究时，首先分别分析理想状态下三种层高独立民居阴影变化的范围与区域；然后根据前期资料统计的结果，分析东西联排和南北并联的布局模式，确定单排民居阴影变化范围及多排民居之间相互影响的边界范围。本研究分别以研究区域内的主要地区，如西安、运城、兰州、太原等作为模拟的对象。

（3）分析软件

国内主流的光照分析软件有飞时达光照分析软件、众智光照分析软件、天正光照分析软件等。不管是哪家公司开发的光照分析软件，都必须遵循光照分析的工作流程，只有这样才容易上手，操作才更快捷。这里采用SketchUp软件对已建好的建筑模型进行日照遮挡分析，得出了夏至日和冬至日一天中的连续光照时间的分析结果。

（4）模拟分析结果与讨论

总体变化趋势：对西安地区1～3层的平屋顶建筑单体以及黄土高原主要地区的1层建筑分别进行了日照遮挡模拟，例如，图5-1模拟的是西安地区常见的1～3层民居建筑，方格网以1m×1m为模数，从蓝色到红色表示日照时间逐渐增长，蓝色方格网表示日照低于2h，为全日照的0～20%。

结论：在夏季，建筑周边的日照不存在2h以下的区域；太阳从东北方向升起，西北方向落下，在建筑东西两个方向日照4～6h的范围相对冬季较大。在冬季，由于太阳高度角较小，8h以下的日照范围远远大于夏季，4h左右的日照范围也明显大很多。

日照遮挡的季节性变化趋势：建筑北侧，在冬季，日照不超过2h的区域边界到建筑边界的距离为3m，日照4h左右的范围相对日照2h的范围向外围扩大了2～3m。随着建筑层数的增加或降低，北侧日照低于2h的范围变化趋势并不明显，而日照2～4h范围相对增加或减少，增加或减少的范围相对建筑的北墙均为1m左右。在夏季，随着太阳高度角的变化，建筑北侧的最少日照区域也能达到4～5h，范围在距离建筑边界1m内。因此，受日照影响，建筑北侧也是所有区域中最冷、最暗、最潮湿的地方，只在夏季的清晨和黄昏时才有短暂的阳光。

建筑东西两侧，在冬季，太阳从东南方向升起，西南方向落下，随着建筑层数升高一层或下降一层，日照遮挡的范围变化并不是很明显。在建筑东西两侧出现日照5~6h的区域，占全日照的40%以上（图5-2）。在夏季，建筑的西面接受午后阳光的直射，是最干燥、最热的地方。

建筑南侧，除了夏季早晚有一点阴影外，其他时间均是全日照条件，因此是一年中接受阳光最多的地带，也是冬天最暖和的地方（图5-1）。

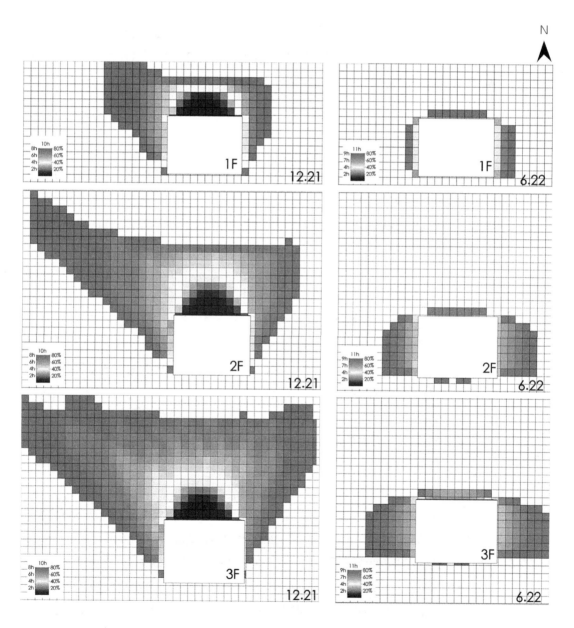

图5-1　西安地区1~3层民居建筑日照遮挡分析图

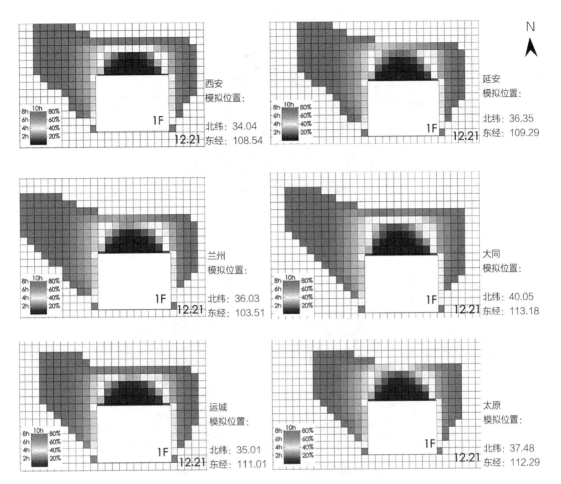

图5-2　黄土高原主要地区一层建筑日照遮挡分析图

2. 植物对日照变化的适应措施

对于常见的2层建筑的周边环境，为了使植物在一年四季都能正常生长，且不需要额外的人工干预，建筑北侧6m范围内种植低矮植物时应选择耐阴植物，建筑东西两侧3m范围内种植低矮植物时应选择耐阴植物。这是对于独立的单体建筑而言，如果是一个完整的院落，则在种植设计前需要确定低矮植物种类的区域，包括整个院落所有垂直要素的东西两侧和北侧（图5-3）。

对于1~3层所有建筑的东西两侧和北侧需要重点注意，种植耐阴植物的区域范围区别不是很大，日照会稍有增强或减弱，却并没有达到下一个日照范围的边界。因此，对于1~3层的民居建筑，在实际种植设计时为了确保植物正常生长，在建筑北侧3m范围内应种植喜阴植物，3~6m范围内可种植耐阴植物，6m以外的区域可种植阳性植物；建筑东西两侧3m范围内可种植耐阴植物。

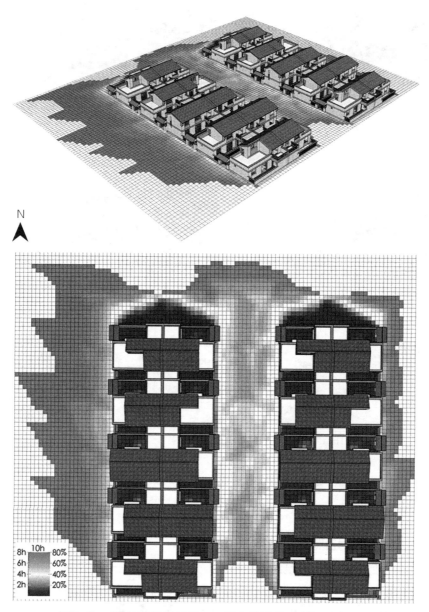

N

图5-3　咸阳大石头村12月21日住宅建筑对日照的遮挡分析

5.3.2　植物对温度的适应性

1. 院落温度变化规律

一项新的研究表明，植物对温度的敏感性取决于它们是否处于阳光直射下，这使得它们能够在复杂的自然环境中做出适应性决策。也就是说，在同一个气候条件下，院落空间中太阳辐射的变化会直接引起温度的变化，太阳辐射是院落小气候变化的主要驱动因素。所以，根据上述住宅周边日照的变化规律，可以得出住宅周边温度的变化规律。

住宅的南边，是冬季最暖和的地方，因此在南向有植物最长的生长季节，也是植物生长最好的地带；住宅的北边，是一年中最冷的区域，需要一些适合寒冷气候的植物；住宅的西边，是夏季最热的区域，需要一些耐热的植物。

2. 对温度变化的利用方式

住宅南向是最适合植物生长的地带，所以南向是植物种植的最佳区域。但是，为了不影响住宅冬季日照的需求，对于院落南向的植物种植需要进行高度控制，本书第4章已经讨论了小乔木、中乔木和大乔木的种植范围，本节需要给出各种植物高度的控制方法。

民居作为居民日常生活的独户住宅，对于日照的需要应做重点考虑，尤其是黄土高原所在的气候区，冬季寒冷，充分的日照显得更加重要。根据国家相关的住宅建筑日照标准（表5-4），黄土高原地区包括寒冷地区和严寒地区两个气候区，分别分布在Ⅰ、Ⅱ和Ⅵ区内（表5-5）。分布在Ⅰ、Ⅱ区内的民居日照时数在大寒日≥3h，有效日照时间带是当地时间8：00～16：00；在Ⅵ区内的民居日照时数在冬至日≥1h，有效日照时间带是当地时间9：00～15：00。

住宅建筑日照标准　　　　　　　　　　　　　　　　　　　　表5-4

	Ⅰ、Ⅱ、Ⅲ、Ⅶ气候区		Ⅳ气候区		Ⅴ、Ⅵ气候区
	大城市	中小城市	大城市	中小城市	
日照标准日	大寒日		冬至日		
日照时数	≥2h	≥3h	≥1h		
有效日照时间带	当地时间（真太阳时）8：00～16：00		当地时间（真太阳时）9：00～15：00		
日照时间计算起点	距离室内首层地面0.9m的外墙位置				

黄土高原气候区划分　　　　　　　　　　　　　　　　　　　　表5-5

气候区	代表地区
Ⅰ严寒地区	呼和浩特、运城、大同
Ⅱ寒冷地区	银川、西安、太原、延安、兰州
Ⅵ严寒地区	西宁

在满足以上建筑日照需求的前提下，南向植物种植的高度需要进行控制，以保证冬季建筑拥有充足的日照条件。高度控制的方法是将植物视为建筑南向的障碍

物，以保证建筑能得到充足的日照为要求，借助阳光规尺绘出植物允许高度界限的等高线，这些等高线将保证该住宅在大寒日（Ⅰ、Ⅱ气候区）得到日照，如图5-4所示。若冬至日（气候区）得到日照，则时间是9：00～15：00。

　　H：植物容许最大高度；

　　A：太阳方位角；

　　h：太阳高度角；

　　L：植物与建筑南墙的间距。

计算植物容许最大高度H，需要已知太阳高度角h和太阳方位角A的值，表5-6中统计了黄土高原部分地区的太阳高度角和方位角的值，根据已知的h值和A值，代入下面公式可计算出H的值（12：00除外）。因为8：00和16：00太阳高度角最小，故计算8：00或16：00的极值。

$$H = L \div \cos A \times \tan h$$

整个黄土高原的建筑需要保证在10：00～14：00的南向日照，所以，以10：00计算的植物的高度将是一个界限值，只要确定此时刻植物容许的最大高度即可。以西安地区为例，10：00 A的值是32°16′，h的值是28°30′，与建筑的间距为1m，则植物容许最大高度$H = 1 / \cos 32°16′ \times \tan 28°30′ = 0.8m$，那么其他间距的

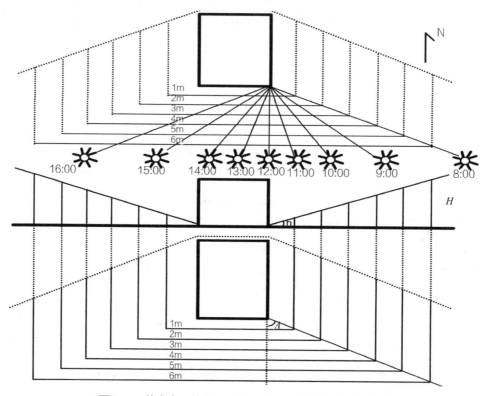

图5-4　黄土高原植物满足大寒日日照最大容许高度界限

高度值便是0.8*L*；如间距为3m时，植物容许最大高度*H*为2.4m。依此类推，可计算出10：00任意间距植物容许最大高度值。

根据第4章的研究，为保证冬季植物对建筑没有遮挡，靠近建筑可种植中乔木和大乔木，应分别种植在3m和5m范围内，超过这个距离需要考虑植物冬季对日照的遮挡。利用Ecotect软件进行模拟分析，在西安地区，种植3m高的小乔木需要在4.5m间距以外；种植6m高的中乔木，需要在7m间距以外；种植10m大乔木需要间距大于15m。

根据本章的计算方法得出，间距4.5m时，植物容许最大高度为3.6m；间距7m时，植物容许最大高度为5.6m；间距15m时，植物容许最大高度为12m，结果与第4章模拟的结果基本一致。用同样的方法计算和统计出其他代表地区植物容许最大高度的控制范围，结果见表5-7。

黄土高原主要地区的太阳位置数据表

表5-6

| 地区 | 日照标准日 | 时间（h） | 午前 7：00 | 8：00 | 9：00 | 10：00 | 11：00 | 12：00 |
			午后 17：00	16：00	15：00	14：00	13：00	
太原	大寒	高度角*h* 方位角*A*		9° 04′ 55° 22′	18° 07′ 44° 16′	25° 22′ 31° 17′	30° 10′ 16° 19′	31° 51′ 0°
大同	大寒	高度角*h* 方位角*A*		7° 53′ 55° 07′	16° 37′ 43° 49′	23° 35′ 30° 48′	28° 10′ 15° 59′	29° 46′ 0°
运城	大寒	高度角*h* 方位角*A*	0° 02′ 65° 00′	10° 43′ 55° 48′	20° 11′ 44° 59′	27° 51′ 32° 03′	32° 58′ 16° 49′	34° 46′ 0°
延安	大寒	高度角*h* 方位角*A*		9° 49′ 55° 33′	19° 03′ 44° 35′	26° 30′ 31° 37′	31° 26′ 16° 32′	33° 10′ 0°
西安	大寒	高度角*h* 方位角*A*	0° 21′ 65° 00′	11° 08′ 55° 55′	20° 43′ 45° 11′	28° 30′ 32° 16′	33° 41′ 16° 58′	33° 31′ 0°
兰州	大寒	高度角*h* 方位角*A*		10° 09′ 55° 38′	19° 28′ 44° 44′	27° 00′ 31° 46′	31° 59′ 16° 38′	33° 45′ 0°

资料来源：卜毅. 建筑日照设计［M］. 北京：中国建筑工业出版社，1988。

黄土高原主要地区民居环境种植植物容许最大高度控制范围

表5-7

地区	植物容许最大高度*H*（m）	地区	植物容许最大高度*H*（m）
太原	0.6*L*	大同	0.5*L*
运城	0.6*L*	西安	0.8*L*
延安	0.6*L*	兰州	0.6*L*

根据表5-7可知，在研究区域内，要想保证民居建筑冬季的日照，植物容许最大高度基本是其与建筑间距的0.6倍。西安和大同有所不同，这些值与太阳方位角和高度角紧密相关。

5.3.3 植物对水分的适应性

1. 植物需水来源

植物的水分来自三个方面：降雨、土壤地下水分和人工灌溉。当降雨和地下水分不能满足植物生长所需时，就需要进行人工灌溉。黄土高原地区雨水少而集中，主要集中在秋季，夏季高温期的雨水相对较少。因此，将民居及院落的雨水为植物所利用，是比较生态的选择。院落内的雨水分为两部分：一部分来自屋顶，另一部分来自硬质地面。对于屋顶和硬质地面收集雨量的计算公式如下：

$$W_{ay} = (0.6 \sim 0.7) \times 10 \, \psi_c h_a F$$

式中　　W_{ay}——年用雨水量，m^3；

　　　　ψ_c——雨量径流系数；

　　　　h_a——常年降雨厚度，mm；

　　　　F——计算汇水面积，hm^2。

径流系数α是一定汇水面积内总径流量（mm）与降水量（mm）的比值，是任意时段内的径流深度Y与造成该时段径流所对应的降水深度X的比值。径流系数可说明在降水量中有多少水变成了径流，综合反映了流域内自然地理要素对径流的影响。其计算公式为$\alpha = Y/X$。而其余部分水量则损耗于植物的截留、填洼、入渗和蒸发。在国内，径流系数有时又分为流量径流系数和雨量径流系数。根据《建筑给水排水设计标准》GB 50015—2019中的规定，屋面雨量径流系数为0.9～1.0。

汇水面积的确定：一般坡度的屋面雨水的汇水面积按屋面水平投影面积计算；高出汇水面的侧墙，应将侧墙面积的1/2折算为汇水面积。同一汇水区内高出的侧墙多于一面时，按有效受水侧墙面积的1/2折算为汇水面积；窗井、贴近建筑外墙的地下车库入口坡道和高层建筑裙房屋面的雨水汇水面积，应附加其高出部分侧墙面积的1/2；屋面按分水线底排水坡度划分为不同排水区时，应分区计算集雨面积和雨水流量。

以屋顶为例，选择研究区域的三分地模式，其常年降雨量为550～650mm，汇水面积为74.25～141.75m^2，从而可计算出屋顶收集雨量为22.05～64.5m^3。也就是说，对于三分地院落来说，每年建筑屋顶可额外提供22.05～64.5m^3的雨水作为植物的浇灌用水。院落内部空间的雨水收集，与院落的硬质化程度和材质有关，院落地面硬化一般包括混凝土地面、砖铺面、土面三种形式，且雨水下渗量依次逐渐增大。对于地面收集雨量的计算相对建筑屋顶复杂一些，需要根据具体情况，具体计算。

院落的水分来源，除了建筑屋顶和院落的雨水外，还有一部分水可供给植物利用，即部分生活用水，如洗菜、洗脸、洗衣和清洁等用水，一般都可以二次利用，用于庭院植物的浇灌。

2. 院落雨水收集与利用的主要措施

黄土高原农村地区缺水情况日益严重，对水的需求不断增长，而雨水收集似乎是供应淡水最有希望的选择。近年来，解决缺水问题的方法主要集中在蓄水池蓄水。1996年，兰州召开了第一届全国雨水利用学术讨论会，会后西北地区雨水收集利用的浪潮迅速兴起，并且成果显著，如宁夏的"窖水蓄流工程"、内蒙古的"112集雨节灌工程"、甘肃定西的"121雨水集流工程"和陕西的"甘露工程"等。

其中，庭院雨水收集是雨水应用的一种主要模式，这一模式主要被部分降水稀少地区采用，以解决人畜饮水及庭院经济作物的栽培浇灌问题。它一般由集水设施（屋顶、场院等）、蓄水设施（水窖、水池、水缸等）、净化设施（过滤网）及输水设施等组成，主要采用径流系数大于0.9的砂浆屋顶和水泥铺装的庭院，利用重力流将雨水导入蓄水池中。

若雨水用于家庭内部饮用、烹饪或非饮用用途，如淋浴和冲厕所，则应采取适当的过滤和消毒措施；若要用于景观灌溉，则无机污染物的存在可能不是问题。实际上，由屋顶–庭院系统收集并储存一段时间的雨水，其总有机物浓度为0.22mg/L，基本上符合世界卫生组织关于饮用水0.2mg/L的指导方针。

综上所述，院落雨水利用的措施可概括如下。

（1）直接利用

直接利用就是让雨水自然下渗，主要靠植物种植空间完成，雨水直接靠屋顶和地面的导流，进入植物种植空间，直接为植物所利用，多余的雨水下渗到地下，补充地下水。可以通过在院落空间中加大植物种植面积、选择适宜的植物等方式，对雨水直接进行利用，为在建筑周边多样的种植提供机会。

（2）间接利用

间接利用就是有一个集雨、储存到利用的过程。人们利用庭院集蓄雨水有着悠久的历史，并已形成独具特色的文化。农村庭院集蓄雨水简单易行，可操作性强，符合小农经济特色。利用庭院和屋顶集雨，屋顶多是水泥、石灰土和瓦等形式，这样为雨水收集创造了有利条件。根据当地降雨量、降雨强度及集雨面积的大小，在庭院内修建蓄雨设施（水窖），汛期时能有效集蓄雨水，除解决家畜饮水之外，还可利用多余的水源发展庭院种植。

通过在屋顶安置储雨容器（如铁桶、塑料桶等）或排水管，就可建立起雨水收集利用系统。储雨的装置可以直接接在雨落管上，主要模式是屋顶→集雨→容器蓄水→浇灌植物（生活非饮用水）；自然降雨→容器蓄水→浇灌植物（生活非饮用

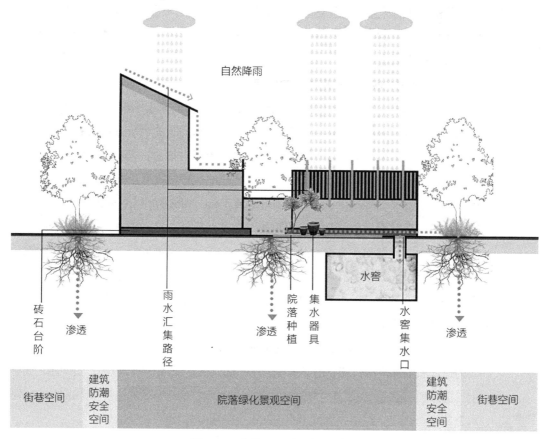

图5-5 院落雨水间接利用模式

（图片来源：芦旭，雷振东. 黄土沟壑区新型农村社区雨水利用式景观设计方法 [J]. 华中建筑，2015，33（07）：93-97.）

水）；屋顶（硬质地面）→集雨→水窖蓄水→浇灌植物（生活非饮用水）。收集起来的雨水主要用作非饮用水，可用于家庭、公共的洗衣、冲厕、浇灌植物等方面（图5-5）。

5.4 小结

本章通过对黄土高原典型植物的生长习性分类梳理与分析得出，在民居环境中，耐旱、耐寒和阳性植物种类占据多数，喜湿和耐阴植物较少。从满足植物生长需求的生态因子角度考虑，进一步分析了黄土高原院落空间中植物的适应性及其解决措施。

（1）植物对光照的适应性：利用计算机软件模拟技术，模拟院落垂直要素对植物生长日照时数的影响，确定了住宅环境中植物的分布及种类选择。

对于1～3层的民居建筑，在实际种植设计时，为了确保植物正常生长，在建筑北侧3m范围内应选择喜阴植物，3～6m的范围内可种植耐阴植物，6m以外的区域均可种植阳性植物；建筑东、西两侧3m范围内都可种植耐阴植物。

（2）植物对温度的适应性：根据日照条件的影响，得出院落温度的变化规律，并考虑住宅冬季日照的需求，借助阳光规尺绘出了植物允许高度界限的等高线，计算出植物在院落空间种植时高度的控制要求。

南边是住宅冬天里最暖和的地方，因此，南向有植物最长的生长季节，也是植物生长最好的地带；住宅的北边，是一年中最冷的区域，需要一些适合寒冷气候的植物；住宅的西边，是夏季最热的区域，需要一些耐热的植物。在研究区域，南向植物容许最大高度基本是其与建筑间距的0.6倍。西安和大同有所不同，分别为0.8倍和0.5倍。这些值与太阳的方位角和高度角紧密相关。

（3）植物对水分的适应性：探讨了植物水分的来源，主要讨论了院落雨水收集与利用的模式，分为直接利用和间接利用两种模式。

直接利用：屋顶（硬质地面）→集雨→植物用水。

间接利用：①自然降雨→容器蓄水→浇灌植物（生活非饮用水）；②屋顶→集雨→容器蓄水→浇灌植物（生活非饮用水）；③屋顶（硬质地面）→集雨→水窖蓄水→浇灌植物（生活非饮用水）。

6

黄土高原"植物—民居"生态共生模式

　　前面章节对植物与民居之间的气候需求关系进行了系统阐述与分析，并对主要影响因子的技术适应性进行了模拟分析，本章将依据模拟分析得出的结论及控制指标，结合地区经济水平、气候、习俗习惯、文化等因素以及国内外相关研究成果，探讨黄土高原"植物—民居"可能存在的生态共生模式及其存在的前提条件，为黄土高原地区植物与民居协同营造及良性发展提供基础。

　　植物与民居两个研究对象分别包括3个子对象，植物包括遮阴树、低矮植物和攀缘植物，民居包括民居建筑、民居院落开敞空间和民居院落过渡空间。这6个子对象之间都分别存在着密切的关系，具体表现如图6-1所示。所以，要讨论黄土高原"植物—民居"生态共生模式，就应该从这些子对象入手，分别详细、系统地进行讨论。

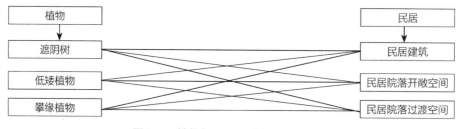

图6-1　植物与民居子对象之间的关系

6.1 植物与民居生态共生模式形成的约束条件

"植物—民居"生态共生是自然环境与生活实体空间高度结合的景观综合体，其共生模式除了受民居所处的大环境（村落环境）和小环境（民居内外空间环境）影响外，同时也受社会经济、文化和技术水平的影响，尤其是民居社会经济特征的影响。

6.1.1 村庄空间形态

村庄是以户为组成单位、以土地为经营对象、以相应的生物为主要价值资源的一定年龄结构及人口数量的人类聚居空间单元。村落是乡村聚落的简称，具体是指某一村屯或村庄。村落形态有不同角度的定义，村落形态在建筑学科、地理学科中通常指的是村落的空间物质形态。村落形态是人们对其所居住的地点加以整理的方式。从外观上看，村落形态表现为村落平面形式及村落在空间高度上的形态，可充分反映出人与自然的关系，以及村落之中人的意识和精神追求。

村庄空间形态指的是在一定时期内村落发展过程中所呈现出来的整体性的表现形式，是指一个村落的全面实体组成、实体环境以及各类活动的空间载体，分为有形和无形两部分。有形部分主要是指村落的物质形态，包括村落的选址格局、街巷空间、院落空间等；无形部分是指村落的社会、文化等各要素的空间分布形式。由此可见，村落的空间形态具有物质性和精神性双重属性。一方面，村落的空间是切切实实存在的，如院落、街巷、村落的公共活动广场等，它们都有着围合界面、空间尺度等；另一方面，这些空间又需要人去感知，不同的村落空间形态会因人而产生不同的精神感受，空间的尺度、材料和界面的不同也会带来心理上的差异。

在众多自然形成的村落中，民居院落的布局、规模及各空间的组织方式直接影响着村落的整体空间形态。如今，在快速城镇化的影响下，乡村逐渐步入了统一规划的层面，村落整体空间形态又反过来对民居院落的布局、规模，以及院落和街巷空间的组织关系等有重要的决定作用，这些因素是植物与民居能否共生和采取植种共生模式的先决条件。

6.1.2 院落空间环境

院落空间环境包括院落空间构成要素、院落尺度大小及人的行为活动等。院落空间通过对其垂直要素的控制，即围合范围、高度、屋檐挑出大小等一系列尺度的控制，屏蔽了风雪冰霜，阻挡了烈日暴晒，从而成为居民家务活动的宜人场所，如洗晒衣物、饲养宠物、种植蔬菜、从事副业等。

院落空间尺度的形成会受到地域、民族、气候及社会等各方面的影响，它们的综合影响使得院落布局各异、空间尺度多样。院落的空间尺度是影响建筑室内外空间氛围的主要因素，是形成不同功能空间的基础，包含院落空间的整体平面布局、长宽比、高宽比、院落空间界面特征、各细部尺度关系、空间及建筑与人的尺度关系等。

从住宅院落的设计意念来看，首先考虑的是适合人体尺度的实用功能。所以，住宅院落在体量和结构上都保持着与人适宜的比例尺度，就连门、窗等细小部件，都总与人体保持着相应的尺寸比例。院落空间是建筑环境绿化的第一场所，空间的大小、土地利用方式及人的行为活动等影响着植物的生长条件、种植面积及植物多样性等多个方面。如在尺度足够的情况下，环境绿化和本体绿化可以自由组合的方式存在。相反，当这种尺度达不到植物生长的最低指标时，在可能的情况下可以利用街巷空间的植物要素。若街巷空间的尺度不足以提供建筑环境绿化的场所时，则建筑绿化只能考虑本体绿化。

民居建筑形态主要影响建筑的本体绿化。门窗的大小和位置、建筑墙面材料、屋顶的形式以及屋顶的结构和防水技术水平是能否或怎样进行建筑绿化的必要前提。民居建筑的屋顶基本上有坡屋顶和平屋顶两种形式，平屋顶及屋面坡度小于15°的坡屋顶宜做屋顶绿化。平屋顶适用于花园式、组合式或草坪式屋顶绿化，坡屋顶适用于草坪式屋顶绿化。对于民居来讲，在有条件进行建筑本体绿化的前提下，平屋顶比坡屋顶更适合、更方便进行屋顶种植。

6.1.3 经济技术水平及使用者的意识

经济技术水平是影响建筑本体绿化能否实现的关键性因素，若要进行屋顶绿化，则屋顶的防水技术必须达到《屋面工程技术规范》GB 50345—2012的规定，即一般建筑屋面防水等级为二级，一道防水设防；重要的建筑和高层建筑，屋面防水等级为一级。对于墙体绿化，共生技术也是其能否实现的关键性因素。

此外，所有的绿化形式能否实现最终都取决于使用者的意愿。调研中发现，大部分居民对院落的考虑是从使用角度出发而非生态角度。即使是有丰富院落种植经验的居民，也意识不到植物种植能对建筑室内环境能产生怎样的影响。因此，植物与民居能否共生需要提高使用者的意识，并取决于使用者的意愿，这对于共生模式的形成起一定的主导作用。

6.2 模式一：民居建筑周边环境种植

6.2.1 遮阴树与民居的生态共生

遮阴树在民居周边最理想状态的种植方式及布置形式在前面章节已经模拟过，但是，与黄土高原民居现状进行结合时，理想状态的布置形式不一定与实际情况相符合。对于遮阴树来讲，它占用的是建筑周围的空间，如果遮阴树与建筑发生共生，前提条件就是具有种植遮阴树的空间。在调研中发现，黄土高原东南部民居院落的形式一般有两种情况：独立式院落和集中式院落。所以，讨论遮阴树与民居生态共生也应该从这两种情况入手。

1. 独立式院落与遮阴树的共生

在调研中发现，独立式院落的空间环境存在很多种情况，如院落的大小不同、南北向和东西向的比例不同、院落的垂直构成要素不同等，这都会影响院落的空间形态，最终影响遮阴树在独立式院落环境中的种植情况。因此，在探讨遮阴树种植时需要找一个参考物。每种形式的院落都有主体居住空间，即正房，以正房为参考，每一种模式都由建筑室内空间、院落开敞空间、院落过渡空间三部分构成。以独立式院落最简单的模式为例（图6-2），遮阴树与民居的生态共生关系也就是遮阴树与这三部分空间发生的关系。

遮阴树与独立式民居建筑共生的前提条件就是至少正房的西侧和南侧有遮阴树种植的空间，根据第4章的模拟结果，遮阴树与正房外墙（北侧除外）的最佳间距是5m左右（种植大乔木的距离），其次是3m左右（种植中乔木的间距），然后是1.5m左右（种植小乔木的间距）。至少满足以上的间距要求，遮阴树才可以与民居建筑发生共生关系。

由于院落具有生产、生活、休憩等多种功能，不可能大量种植遮阴树，所以，对于遮阴树与院落的共生，只要院落有种植乔木的空间和条件，就有发生共生关系的可能。若院落的过渡空间有植物种植的空间，且位置恰当时，同样也能发生共生关系。

根据前面章节模拟的遮阴树在民居环境中理想的种植形式得出的结论，应用到实际的民居中，首先需要确定在此民居环境的模式下遮阴树种植的区域（图6-3）。区域1内种植的遮阴树主要为建筑遮阴，它的范围在条件允许的情况下，a的数值可以大到20，b的数值最多为5。区域2内遮阴树种植服务的是院落开敞空间和过渡空间，是满足人的行为活动的遮阴。

区域的大小根据实际院落的大小而定，唯一需要确定的是c的数值，c至少大于

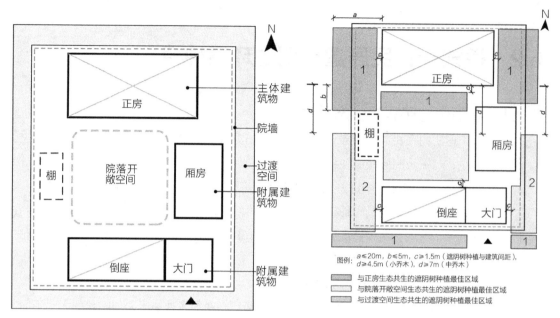

图6-2 独立式院落空间常见模式

图6-3 独立式院落遮阴树种植最佳区域

4.5，才可满足种植小乔木的需求；如果c大于7，即可满足中乔木的种植需求。因为在满足户外人们行为活动舒适度的同时，还要考虑次要区域种植的遮阴树在冬季不能影响居住建筑的日照。

2. 集中式院落的遮阴树种植

集中式院落的院落布局存在两种形式：多院落联排和两院落并联。考虑住宅建筑多数为南向采光，且院落空间多数在南向，模式图以最简单的院落垂直要素构成的院落为例，构成的组团形式如图6-4所示。如果东西多院落联排，主街道一般为南北走向，巷道为东西走向，如南豆角村（图6-5、图6-6）。巷道与巷道间可由一排或两排院落构成组团，两排布局院落有可能背对背布局，也有可能前后院布局。不管两排如何布局，这种形式的院落有左邻右舍，邻居间的院落种植有相互影响的可能，所以应该将巷道的两排院落作为一个组团整体来考虑，这样两排住宅只有最西侧的住户有西墙。

对于这种形式的院落住宅，需要重点考虑的是院落空间的种植，住宅建筑南墙和屋顶是考虑的主要方面。对于两宅并联的形式，主街道多为东西向，住宅建筑的东墙或西墙紧邻街巷空间，这样的院落布局需首先重点考虑住宅建筑东、西墙及屋顶遮阳；其次，结合院落活动空间考虑建筑南墙及院落开敞空间的种植形式。

如果村落为东西向布局，这样村落的院落一般为两院并联，巷道和巷道间一般有两列院落——东列和西列。这样的院落布局需要考虑的是住宅的南墙、屋顶和西列院落西墙的遮阳。

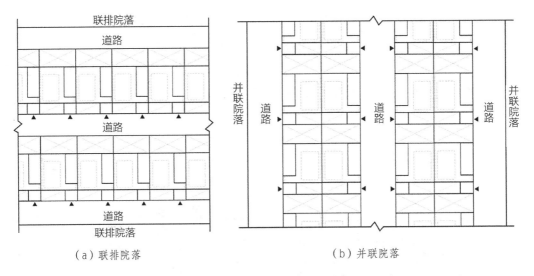

（a）联排院落　　　　　　　　　　　　　（b）并联院落

图6-4　集中式院落的布局模式

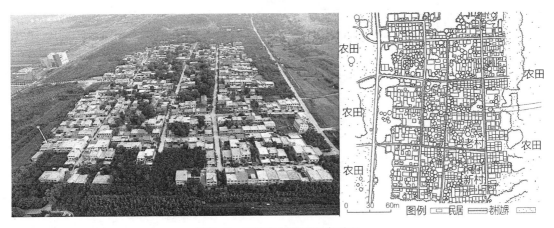

图6-5　南豆角村平面及鸟瞰图

图6-6　南豆角村研究单元鸟瞰图

院落内若有可种植的空间，左邻右舍有相互影响的可能，前后院间的影响相对较小，可将两列左邻右舍两户的扩大院落作为一个整体考虑。

如果院落没有种植空间，如大石头村，宅基地只有二分半，即160m²，院落空间很小，植物只能种植在扩大院落即院落的周边空地（图6-7～图6-9）。

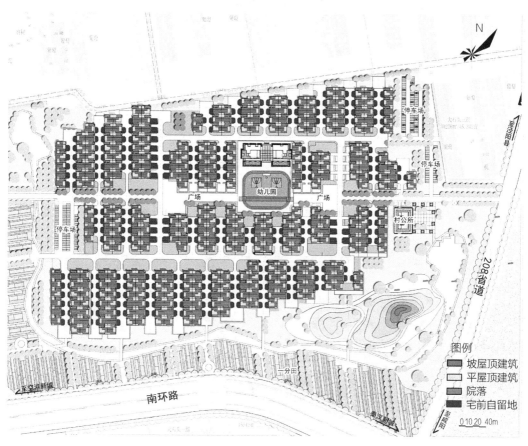

图6-7　大石头村平面图

图6-8　大石头村自留地与街巷绿化现状

图6-9　大石头村建筑单元现状图

根据上述讨论，两种形式的院落空间环境与独立式院落的空间环境类似，也存在着居住建筑空间、院落开敞空间和院落过渡空间（图6-10、图6-11）。由于院落的布局形式存在两种模式，那么，遮阴树的种植形式也存在两种形式。在这两种模式中，a、b、c的数值与独立式院落相同，因为依据的是同一套理论体系，即遮阴树与民居建筑共生技术模拟结论。a的数值最大可为20；b的数值最大为5；c的数值至少大于4.5，才可满足种植小乔木的需求，如果大于7，便可满足中乔木种植需求。

综上所述，对于黄土高原地区民居来讲，周边环境绿化这种模式可以实现，只是针对不同的村落空间形态和院落空间环境有不同的实现途径和方式。但是，要有其实现的前提条件，即不管是扩大院落还是院落组团单元，都必须有植物可种植和生长的空间，只有这样，植物才有与住宅建筑产生共生关系的可能。而且无论哪种形式，都要以居民种植习惯为基础，结合地区的气候特征、建筑形成的

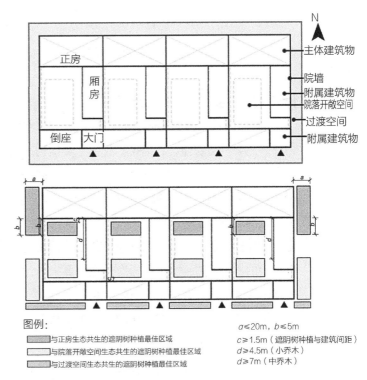

图例：
■ 与正房生态共生的遮阴树种植最佳区域
□ 与院落开敞空间生态共生的遮阴树种植最佳区域
▨ 与过渡空间生态共生的遮阴树种植最佳区域

a≤20m，b≤5m
c≥1.5m（遮阴树种植与建筑间距）
d≥4.5m（小乔木）
d≥7m（中乔木）

图6-10　多院落联排空间模式及遮阴树种植最佳区域

119

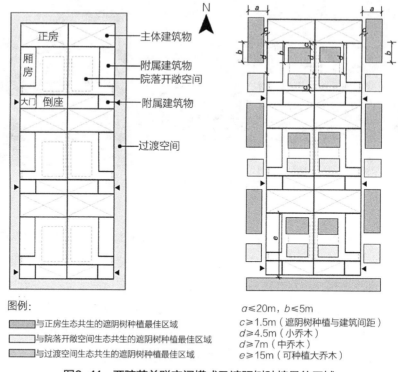

图例：

■ 与正房生态共生的遮阴树种植最佳区域
□ 与院落开敞空间生态共生的遮阴树种植最佳区域
▨ 与过渡空间生态共生的遮阴树种植最佳区域

$a \leq 20m$，$b \leq 5m$
$c \geq 1.5m$（遮阴树种植与建筑间距）
$d \geq 4.5m$（小乔木）
$d \geq 7m$（中乔木）
$e \geq 15m$（可种植大乔木）

图6-11　两院落并联空间模式及遮阴树种植最佳区域

小气候及植物的习性，对植物的种类、位置、规格及与建筑的间距等指标进行科学调整，探寻出植物与建筑共生的最佳状态，以求植物、民居及居民的经济利益达到共赢。

6.2.2　低矮植物与民居的生态共生

民居中的低矮植物选择稍微多一些，因为在民居院落中除了种植园林植物及果树外，还会种植农作物，但是不管哪一类植物，只要它在院落环境中的高度低于院落空间垂直要素的高度，即被视为此院落空间的低矮植物。所以，这里所指的低矮植物在高度上没有明确的限制，相对不同的民居院落有不同的种类和形式。

在前面章节已经详细讨论过，低矮植物在民居院落内种植时，日照时数的影响是其首先要考虑的因素。依据模拟的结论，在民居院落中应对低矮植物的种植区域有一定的考虑，对种类的选择有一定的要求。对院落影响较大的垂直要素就是民居主体建筑要素，然后是其他垂直要素。

反过来，低矮植物对民居的影响主要从温度和风两个小环境来考虑。首先，低矮植物可以减少院落空间下垫面的热反射，从而影响院落空间的温度变化；其次，低矮植物与遮阴树配合得当会起到遮挡冬季风、引导夏季风的良好效果；此外，在建筑的西侧，低矮植物与乔木配合，可以更好地遮挡低角度阳光的西晒。

因此，考虑民居空间环境中低矮植物的种植，重点应考虑主体建筑周边和院落开敞空间的种植，对于过渡空间内的低矮植物，对气候的影响较弱。

1. 低矮植物与民居主体建筑的共生

（1）民居建筑周边低矮植物的种植模式

依据前面章节民居建筑对日照的遮挡分析得出的结论，在民居建筑周边种植低矮植物时，需要考虑日照的影响。在建筑的北侧6m（c小于6m）、东西两侧3m（a小于3m）范围内，需要选择耐阴植物。在建筑北侧3m范围内所选择植物的耐阴能力应逐渐增强（图6-12）。

黄土高原地区民居有独立式院落和集中式院落两种形式，在建筑外围都有院墙或其他垂直要素，那么日照遮挡就会有叠加或延伸的可能。叠加的区域有可能会出现日照盲区，比如在建筑东西两侧，如果院墙与建筑的间距小于3m时，就会出现全天日照遮挡叠加为日照盲区的区域。这样的院落如果种植低矮植物，除了选择耐阴植物外，还可以选择喜阴植物。

（2）民居建筑周边低矮植物与遮阴树的组合模式

对于种植形式，与遮阴树组合恰当，不仅可提高遮阴树的生态效益，在冬、夏季对民居建筑周边的风环境也有一定的影响。在黄土高原地区，常见民居遮阴树中遮阴效果最好的大乔木的分枝点高度基本在5m左右，但对于夏季低角度太阳的遮挡不是很理想。如果结合低矮植物，将会弥补这个缺点，对建筑物墙体的遮阴效果将会有所改善（图6-13）。

除此之外，民居院落虽然基本都有垂直要素，但是对于尺度稍大的院落，风环境还是会对其有所影响的。对于需要冬季遮挡寒风的地区来讲，比如黄土高原西北部，处于严寒地区，需要冬季保暖，在这些地区，需要考虑冬季民居的寒风遮挡问题。那么，低矮植物

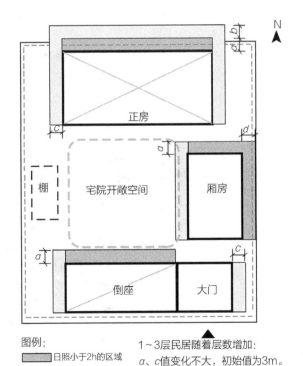

图例：
⬛ 日照小于2h的区域
⬜ 日照2~4h区域

1~3层民居随着层数增加：
a、c值变化不大，初始值为3m。
b值逐渐增大，初始值为3m。
d值决定于墙体的高度，随着高度增加逐渐增大

图6-12 建筑周边耐阴低矮植物分布区域

与乔木结合良好时也会产生很好的效果（图6-14）。

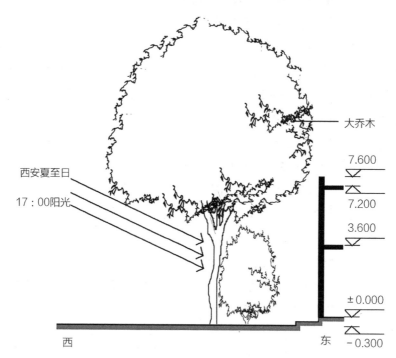

图6-13 低矮植物与遮阴树结合对日照的影响

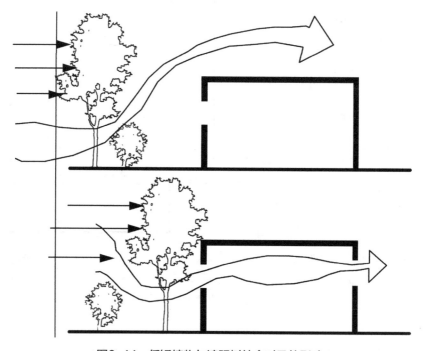

图6-14 低矮植物与遮阴树结合对风的影响

2. 低矮植物与民居院落开敞空间及过渡空间的共生

低矮植物下由于没有人可活动的空间，所占地也基本上是人不能活动的区域，因此，其在院落空间的种植面积会受院落空间尺度的制约。在不影响人在院落空间的生产、生活活动同时，有些闲置的空间可以种植低矮植物。

从气候的角度考虑，对于黄土高原东南部的民居，夏季太阳辐射很强，如果院落种植低矮植物，相对于硬质地面，辐射的热会降低，从而可调节院落的温度升高速度。

从生态环境角度考虑，黄土高原从东南到西北，其生态环境逐渐恶化，因为西北部属于大陆的干旱地区，土质沙化，植物生长条件较差，在民居院落内种植更多的植物，有利于乡村地区人居环境的可持续发展。

6.3 模式二：民居建筑本体种植

因为要探讨研究区域的植物与民居生态共生模式，须从现有植物与建筑生态共生模式（建筑周边环境绿化和建筑本体绿化）出发，所以，建筑本体种植模式选择不容忽视。本节结合地区的现状，将探讨出适宜的植物与民居建筑本体的生态共生模式。

6.3.1 民居建筑墙体种植

1. 墙体绿化的发展现状

（1）墙体绿化分类：绿色外墙与绿色墙壁

考虑绿墙技术的最新发展，根据其施工技术和主要特征，区别所有现有的绿色外墙系统是很重要的。在提到绿色外墙系统类型时，有以下几种命名法："垂直花园""垂直绿化系统""绿色垂直系统"或"垂直绿色植物系统"。基于地面的绿化方法依赖于自然地面；而基于墙的绿化方法包括在墙上直接种植，而不与天然地面连接，也称为绿色墙壁。

绿色外墙考虑利用攀缘植物以覆盖垂直表面，并分为直接和间接绿色外墙。直接绿色外墙是植物直接附着在外墙上，传统建筑中提到的直接绿色外墙不需要结构支撑，因为附着的攀缘植物可通过吸附的方式附着在外墙上。

间接绿色外墙也称为双层绿色外墙，包括支撑系统，如不锈钢、绳索、模块化格架或不锈钢网，其通过在墙壁附近创建第二层构架来帮助攀缘植物向上生长。传统的绿色外墙被认为是一种直接绿化系统，其使用吸附式攀缘植物，直接扎根于地面。

绿色外墙新的解决方案通常是间接墙面绿化系统，其中包括用于攀缘植物附着的垂直支撑结构。植物可以直接在地下或在种植钵中生根，并被引导沿着支撑结构发育。间接墙面绿化系统包括连续和模块化两种模式。连续墙面绿化系统基于单个支撑结构，引导植物沿整个表面的发展。模块化墙面绿化系统是类似的模式，但是其沿着表面安装了几个模块化构件。其主要区别在于模块化构架具有用于植物生根的容器和用于引导植物发育的单独支撑结构。

生活墙是墙面覆盖领域近几年的创新。它们的出现使得高层建筑中的绿色植物与外墙融为一体。生活墙可以快速覆盖大面积墙体，植物沿垂直面生长更均匀，根据其应用方法，生活墙系统可以分为连续和模块化两种模式。

连续生活墙系统基于轻型和可渗透筛网的应用，其中的植物可被单独插入。模块化生活墙系统具有特定尺寸的构件，每个构件都彼此衔接、互相支撑，或直接固定在垂直表面上。

在生活墙系统的类别中，"垂直花园"的替代方案是模块化生活墙系统。这是相对较新的模式，模块化生活墙系统在其组成、重量和组装方面存在差异。它们可以是托盘、容器、种植砖或柔性袋的形式。托盘通常是刚性容器，可相互连接，支撑植物和基质重量。容器是植物种植常见的使用形式，不同之处在于它们可以固定在垂直结构上或彼此垂直连接。种植砖突出了模块化元素的形状，可作为建筑外部或内部表面的设计元素。柔性袋包括生长介质和轻质材料，允许在不同形状的表面上应用植被，如弯曲或倾斜表面。

（2）墙体绿化的结构系统

墙体绿化的结构系统包括绿色外墙和生物墙两种形式。绿色外墙和生物墙之间的区别是，生物墙植物自然地生长在建筑围护结构上，绿色外墙植物则在地面基质上生长。生物墙由预先设计的植物和覆盖墙面的结构层组成，提供了大量植物可均匀生长的建筑外立面，如表6-1所示。

垂直绿化系统的两大类　　　　　表6-1

绿色外墙	生物墙
植物扎根土壤，爬上墙面并覆盖外立面	预先安装的板附着在结构墙或框架上

124

　　与绿色外墙相比，生物墙需要一些基本材料，如支撑构件、生长基质和灌溉系统，以维持各种植物的正常生长。因此，生物墙系统的维护成本非常高。与绿色外墙相比，生物墙通常表现更好。此外，如果植物有问题，很容易更新。根据其结构特征对绿色外墙进行分类，如图6-15所示。

　　绿色外墙可分为两个主要方式和三个子类别（传统式、牵引式和模块网格式）。在传统式绿色外墙中，植物靠墙外表面作为支撑材料，生长介质在地面上。而间接的牵引式和模块网格式绿色外墙在墙和垂直支撑结构之间具有空间，因此也被称为双层绿色外墙系统。绿色外墙的类型如图6-16所示。

　　生物墙的主要类型有连续和模块化两种，其主要区别在于生长介质。在连续系统中有织物膜，不需要生长介质，这种材料代替了土壤。连续系统中的植物通过使用水培技术进行灌溉而生长。模块化生物墙可以设计成口袋状花盆和面板，如表6-2所示。

　　应用中有两种类型的面板：单面面板和网格面板。用于供应生长基质的每个组件要固定到支撑材料上。模块化生物墙可以由容器、种植砖和柔性袋组成。托盘通

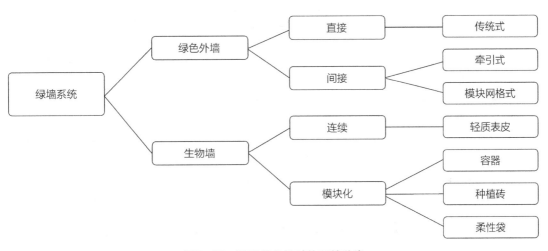

图6-15　墙体绿化的结构系统分类

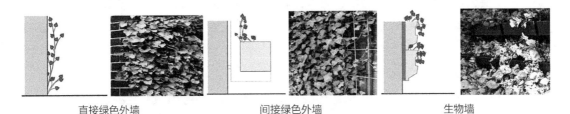

直接绿色外墙　　　　　　　间接绿色外墙　　　　　　　生物墙

图6-16　绿色外墙的类型

常由刚性容器制成，并包含土壤；水管垂直放置；种植砖可用于建筑物的内部或外部；轻质材料的柔性袋可以在具有不同形式的表面上实施，如弯曲或倾斜表面。

由于直接绿色外墙的特点是植物具有坚固的根结构，使其能够直接连接到外立面上，因此不需要额外的支撑系统组件。间接绿色外墙外立面配有支撑元件，如电缆或由钢（不锈钢、涂层或镀锌）、硬木、铝和塑料制成的网。要种植的植物是缠绕类攀爬物种。

常见的垂直绿化结构系统 表6-2

类型	子类别	结构系统	特征
直接绿色外墙	地面种植	没有结构系统组件、灌溉自由	具有吸附根的攀缘植物直接附着到建筑物表面，并且在建筑物基部的开放地面中种植
	箱体种植	种植箱、灌溉自由	带有黏性垫或黏附根的攀缘植物直接附着在建筑物表面上，并种植在种植箱中
间接绿色外墙	地面种植	绳索结构或网格、灌溉自由	具有卷须的植物或其他植物由结构支撑，在建筑物表面和植被之间存在一定的空间，在建筑物基部地面或种植箱中种植
	箱体种植		
连续生物墙		结构框架、基板、织物层、引流器、防水膜、灌溉系统	最常见的是不需要基材，织物层可用作基材；水培技术提供水和养分
模块化生物墙	袋内种植	模块化组件、结构框架、基质、灌溉系统	模块填充有机或无机基材，如果发生损坏，可以简单更换面板
	垂直面板		
	网格面板		

连续生物墙通常包括一个框架，用于固定基板并保护墙壁免受潮湿。织物层（可渗透、柔韧和防根，也用作排水）可用作生长介质。因此，连续生物墙通常对土壤基质没有任何进一步的要求。水培技术为植物提供水和养分。织物层附着在防水膜上，保护建筑材料免受潮湿。

模块化生物墙由袖珍花盆和面板形式的多个模块组成。每个模块的设计是用于固定土壤或基质，并固定在后面的结构框架上。生长介质要么是有机的（如土壤），要么是无机的（如珍珠岩、泡沫、矿棉、毛毡等颗粒状材料）。线性绿色外墙由线性种植箱（如铝或塑料）组成，一个在另一个之上，并填充基质，如土壤或矿物颗粒。

（3）墙体绿化的效益

除了美学、生态和社会价值之外，一些研究证明了其具有经济效益，并且所有类型的效益都相互关联。

虽然到目前为止，有许多研究方法证明了墙体绿化绿色环保的环境效益，但有关经济可持续性的研究信息仍然很少。因此，Perini和Rosasco对垂直绿化系统提供了成本效益分析，以评估其经济可持续性，包括初始成本（安装）、维护成本、处置成本，以及与收入相关的经济利益（由于房地产价值的增加）、建筑围护结构的寿命延长及供暖和空调的能源需求减少。在为社会节省成本方面考虑了积极的环境影响（如改善空气质量、减少碳排放）。Peck等的研究认为，绿色外墙使建筑物的房地产价值增加6%～15%，他们进一步假设叶子（或其他层）能够保护建筑物表面免受气候压力（冻融循环和快速温度变化、酸雨、积冰、污染），减少损害和维护需求。Wong等证实了这个结论，他们提到，绿色外墙的价值在于延长建筑物外墙的使用寿命和减缓磨损，以及通过缓解墙面温度快速变化，减少外墙部件的更换，从而节约成本。

关于绿墙的节能效果，Perini和Rosasco假设空调的能源成本可降低10%～20%，每年节省成本高达2017欧元。为了评估经济可持续性，研究者将下列绿色外墙系统进行了比较：直接绿色外墙、由塑料网（高密度聚乙烯HDPE）支撑的间接绿色外墙、由钢网支撑的间接绿色外墙、HDPE种植箱的间接绿色外墙和钢制种植箱的间接绿色外墙。比较得出，直接绿色外墙似乎是唯一的可持续性垂直绿化系统，由于其安装、维护和管理成本低，故在所有情况下都具有经济可持续性。与此相比，间接绿色外墙由于使用了支撑系统（特别是使用钢网）而具有更高的安装和管理成本，并且在种植箱种植的情况下，安装和维护支撑与灌溉系统会产生更高的成本。

因此，Perini和Rosasco最后的结论是，必须通过降低安装的初始成本来实现更广泛的使用，从而最大限度地减少某些垂直绿化系统（尤其是绿化墙壁）的经济影响，从而改善环境条件。

综上所述，若在乡村民居上应用墙体绿化系统，必须首先考虑其经济效益和可持续性。因此，能在民居墙体绿化中实现的模式首先是直接绿色外墙形式，如果采用间接绿色外墙形式，必须想办法降低安装和管理成本，需要开发一些简单易操作且管理粗放的模式（表6-3）。

绿色外墙系统的优缺点比较　　　　　　　　　　　　　　　　　表6-3

系统	类别	子类别	优点	缺点
绿色外墙	直接	传统式	不需要额外的材料； 对环境负面影响低； 成本低	植物选择有限； 植被生长太自由； 表面覆盖慢； 表面腐化
	间接	牵引式	植被生长可引导； 耗水量低	植物选择有限； 植被生长太自由； 沿表面分散生长； 某些材料对环境有影响

系统	类别	子类别	优点	缺点
绿色外墙	间接	模块网格式	支撑结构轻； 植被生长可引导、可更换； 灌溉/排水可控制； 易于组装和拆卸维护	植物选择有限； 某些材料对环境有影响； 安装成本高
生物墙	连续	轻质表皮	均匀生长； 灵活轻便； 植物种类丰富； 水和养分分布均匀	实施复杂、安装成本高； 水和养分消耗高； 需经常维护； 根发展空间有限
	模块化	容器	易于拆卸维修； 增加植物种类； 灌溉/排水可控制	实施复杂、安装成本高； 表面形状限于容器尺寸； 某些材料受环境影响大
		种植砖	植物种类丰富； 有吸引力的模块设计	实施复杂； 根发育空间有限； 表面形状仅限于砖尺寸； 安装成本高
		柔性袋	适用于倾斜表面； 植物种类丰富	实施复杂、安装成本高

2. 适合民居建筑的墙体绿化形式

对于黄土高原地区民居这种特殊的研究对象来讲，如需墙体绿化，经济性是首要考虑的问题；其次是技术简单，易于各文化层次的居民操作；最后是后期管理简单粗放。

只有这样，墙体绿化才能在乡村地区民居上有发展空间。基于对墙体绿化技术与结构支撑的考虑，直接墙体绿化和间接墙体绿化符合其现状需求。但是间接墙体绿化的网架形式需根据具体建筑形式确定，因为网架结构需要建筑墙体的支撑，墙体上需要安装支撑点，这样会使墙体容易被雨水侵蚀。所以此方法需要慎重应用。

综上所述，民居墙体绿化植物的种植方式和绿化模式具体总结如图6-17所示。

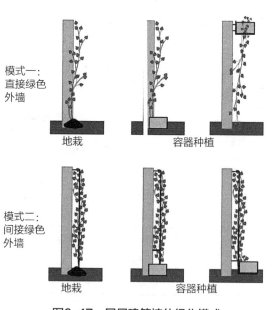

模式一：
直接绿色
外墙

地栽　　　　　　容器种植

模式二：
间接绿色
外墙

地栽　　　　　　容器种植

图6-17　民居建筑墙体绿化模式

6.3.2 民居建筑屋顶种植

1. 屋顶绿化的发展现状

（1）屋顶绿化的分类

粗放式屋顶绿化，又称开敞型屋顶绿化，一般构造厚度为6~20cm，低养护，免灌溉，1m²重量为60~150kg。大多数用作植物层的景天属植物，通常不需要灌溉。与其他形式屋顶绿化相比，它需要很少的资金，维护成本较低。这些屋顶绿化通常重量很轻，在建筑物屋顶限重的位置非常有用。由于重量较轻、不需要灌溉，而且所用资金少、维护成本较低，因此最为常见。为适应当地的气候条件，使用当地植被和生长介质，可以减少灌溉和维护成本。

半密集的屋顶绿化包含不同厚度的基质，通常种植小型植物、小灌木和草。这些屋顶需要定期维护和资金支持，以获得更好的性能，1m²重量为10~200kg，构造层高度在12~25cm。

密集型屋顶绿化相当于在屋顶上建造花园或公园。其空间中包含了草坪、种植床、灌木和乔木，甚至包括了水景，因此它对建筑屋顶荷载的要求很高。其通常建造在钢筋混凝土板上（表6-4）。

根据使用类型、施工因素和维护要求对屋顶绿化进行分类　　表6-4

	粗放型屋顶绿化	半密集型屋顶绿化	密集型屋顶绿化
保养	低	定期	高
灌溉	没有	定期	经常
植物群落	苔藓、景天属草本和草	草、草本植物和灌木	草坪或多年生乔灌木
成本	低	中等	高
重量	1m²重60~150kg	1m²重120~200kg	1m²重180~500kg
使用	生态保护层	绿色屋顶	公园、花园
系统建立高度	60~200mm	120~250mm	150~400mm 地下车库≥1000mm

（2）屋顶绿化的结构系统

屋顶绿化的结构系统根据图6-18所示包括屋顶层、防水层、隔热层、隔根膜、保护层、排水层、过滤层、生长介质层和植物层（图6-18）。为了获得长期的环境效益，须根据位置和气候条件选择每一层。

129

屋顶绿化中最重
要的部分是植物层的选
择，其是否成功则取决
于植物的健康状况。在
选择植物时，我们应该
考虑地理位置、降雨强
度、湿度、风和日照。
在考虑屋顶上的所有严
苛条件后，为粗放型屋
顶绿化设计植被/植物
时，它们应具有以下特
征：①能够抵御干旱

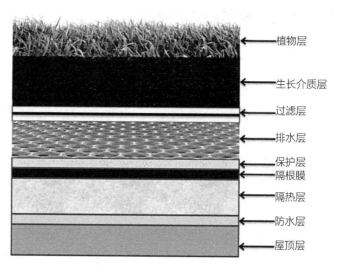

图6-18　屋顶绿化的结构系统

和极端气候；②易于使用且具有成本效益；③无须定期灌溉；④有短而柔软的根；
⑤有能力在最低营养条件下生存；⑥减少维护成本；⑦更多的蒸发蒸腾；⑧可以减
少热岛现象；⑨快速成景。

一种植物很难具备上述所有有利特征，尽量涵盖上述特征的植物选择的研究已
经有了一定的进展，景天属植物被认为是目前全球屋顶绿化最受欢迎的植物，因为
它们在不同的气候条件下都表现良好。

生长介质层也称为关键层，因为它直接影响植物的生长，屋顶绿化成功与否与
该层相关。因此，选择良好的生长培养基（土壤）至关重要，最佳的基质应适合多
数植物生长，重量轻，并能提高植物对极端气候条件的适应性。用于屋顶绿化的介
质，应该具备多重效益。理想的种植介质可以具有以下特性：①在不同条件下具有
高稳定性；②在当地容易获得；③具有成本效益；④应包含最低有机物含量；⑤应
具有较高的持水能力；⑥重量轻；⑦高导水率；⑧浸出量少，吸附能力强；⑨良好
的通风和流动性；⑩有助于提高水质。

过滤层用于分离生长介质与排水层，并防止较小的颗粒，如土壤细粉和植物
残渣进入并堵塞排水层，这也被称为织物，可使排水层中的水更好地流动。这些
过滤织物具有高拉伸强度和高透水性，以使水流入排水层，该层还作为植物的根屏
障膜。

提高了热舒适性的隔热层是所有屋顶上的可选层。该层可防止雨水滞留，并调
节冬、夏季的热传递。改造项目中现有屋顶开展绿化时，通常隔热层需要更强的隔
热性能。

排水层对于屋顶绿化非常重要，因为它可以促进排水。通过这种方式，能减少
建筑物的负荷，并且建筑结构倒塌的可能性也可最小化。它还可以保护防水膜，并

提高建筑物的能源效率。

潮湿的土壤和植物灌溉会增加屋顶水泄漏的机会，因此，防水膜对于屋顶绿化非常重要。在选择防水膜时要注意，其应包括沥青板、液体涂膜、聚合物水泥体系单层板膜和热塑性膜。在使用防水膜时应小心，还应防止其物理和化学损坏。选择最佳防水层，可以延长屋顶绿化的使用寿命，在密集型屋顶绿化中，根部屏障是非常重要的，其可以保护屋顶绿化的结构免受植物根部的影响。如果不包含这一层，那么根部可以从屋顶绿化的结构中生长出来，破坏整个屋顶结构。

（3）屋顶绿化生态效益

屋顶绿化除了可以净化空气、降低噪声和具有社会效益外，更重要的效益有雨水保留以减少峰值流量和径流、提高雨水水质、改善环境热效益、降低能源成本及经济效益等。

①雨水保留以减少峰值流量和径流。植被/植物增加了蒸发蒸腾，生长介质吸收了大量的雨水，这导致了峰值流量和径流的减少。径流减少取决于许多因素，它包括种植的类型、生长介质的厚度、排水材料的类型、降雨强度和屋顶的坡度。最重要的部分是屋顶绿化的基材，它应具有高保湿能力，以储存更多的雨水。

②提高雨水水质。屋顶绿化可控制雨水径流且改善水质。屋顶绿化的基质和植被层在减少径流和吸收雨水中的不同污染物方面起着重要作用。基质吸收了雨水中的污染物和重金属，改善了水质。

③改善环境热效益、降低能源成本。降低表面温度和改善热舒适性是城市屋顶绿化的两个重要功能。屋顶绿化增加了建筑物的耐热性，可使夏季建筑物降温，同时也降低了能源成本。屋顶绿化中的植被和基质比其他类型的屋顶吸收更少的太阳辐射，因此也节省了用于冷却的资金。屋顶绿化节省能源取决于许多因素，如基质的深度和组成、气候条件、植物类型、灌溉类型、屋顶类型和绝缘层设计。

④经济效益。一些研究已经讨论过屋顶绿化具有多种成本效益。然而，屋顶绿化的成本效益取决于各种因素，如屋顶绿化系统的选择。防水层也有助于屋顶绿化的成本效益。以前对屋顶绿化成本的分析只考虑了建筑成本和节能成本，而没有计算许多其他优点带来的效益，如水管理、降噪、减少空气污染和生态保护，这些效益难以衡量。因此，对于成本分析，应该考虑和衡量屋顶绿化的好处。事实证明，屋顶绿化是改造现有区域的可行解决方案，因为旧建筑的隔热防冷效果较差，需要大量的能源来冷却和加热。屋顶绿化增加了建筑物的属性值和美学外观，此外，也可延长屋顶的使用寿命，在城市化地区具有多重效益。

2. 适合民居建筑的屋顶绿化形式

考虑建筑屋顶绿化时，住宅建筑的形态和地区经济技术水平对其有着重要的影响。在这里，建筑形态主要指屋顶的形态。民居屋顶有坡屋顶和平屋顶两种形式，对于国内的情况来讲,坡屋顶研究还不是很成熟,在民居上实现更是困难。所以,平屋顶是屋顶绿化可能实现的前提之一。经济技术水平是屋顶绿化能否实现的重要制约因素。屋顶绿化系统是一个包含多种技术的复杂系统,从防水技术到根部处理再到植物选择,都有较高且严格的技术要求。

从成本上考虑,粗放型屋顶绿化显然有着相对较低的成本。对于民居建筑来讲,基于现状的发展,选择成本合理的屋顶绿化更加现实。因此,需要进一步计算粗放型屋顶绿化的细分成本,根据实际划分,针对成本高的部分采取一定措施,尽量降低其花费,鼓励其在民居建筑上的应用。

(1)屋顶绿化成本比较

对于屋顶绿化成本效益的分析,既要考虑建设时一次性的投资与回报,也要考虑使用过程中的投资与回报。Bianchini在2012年的研究表明,对于房屋使用者来说,屋顶绿化的建造成本为$80 \sim 336$元/m^2,维护成本为$4 \sim 80$元/(年·m^2);一次性收益为$820 \sim 4320$元/m^2,周期性收益为$240 \sim 2120$元/m^2。以$100 m^2$屋顶绿化为例,假设其使用年限为30年,总成本为4.34万$\sim$36.81万元,总收益为76万$\sim$670万元。对于社会来说,屋顶绿化的一次性成本约为$37 \sim 140$元/m^2;一次性收益约为$66 \sim 1890$元/m^2,周期性收益约为$0.22 \sim 0.32$元/m^2;约5年可以把投资的成本收回。

国内也有一些学者对屋顶绿化的建造成本情况进行了研究。根据万静对上海市屋顶绿化的研究可知,屋顶绿化可以有效降低城市的绿化成本,上海市区因绿化而拆迁的成本超过12000元/m^2,而屋顶绿化的成本一般在$300 \sim 1000$元/m^2。其中,种植成本方面,粗放型屋顶绿化为$50 \sim 60$元/m^2,精细型屋顶绿化为$200 \sim 300$元/m^2。根据北京市园林绿化局2012年印发的《北京市屋顶绿化建设和养护质量要求及投资测算》,粗放型屋顶绿化的种植成本为$280 \sim 350$元/m^2,维护成本约为$14.5 \sim 20.75$元/(m^2·年);精细型屋顶绿化的种植成本为$490 \sim 610$元/m^2,维护成本约为$21 \sim 27.25$元/(m^2·年)。

与密集型屋顶绿化相比,粗放型屋顶绿化组件包含适度的基质和重量轻的小型植物。因此,计算粗放型屋顶绿化的主要成本比较容易。图6-19显示了粗放型屋顶绿化的一般成本细分。粗放型屋顶绿化最重要的部分是选择合适的土壤基质和排水层。图6-19显示,护根覆盖物(用以保护植物根基、改善土质或防止杂草生长,20mm)、土壤基质(100mm)和排水(10mm)的成本占总成本的48%;合适的植物材料也很重要,占总成本的31%;隔根膜和防水层的成本占总成本的16%;滴灌所需的成本仅占总成本的5%。粗放型屋顶绿化的资本成本受项目类型(新建或改造项目)、灌溉需求、屋顶坡度和种植深度等因素的影响。但是,如果适当地将当地基材用于粗放型屋顶绿化,则可以降低成本。成本是在

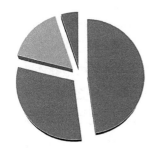

■ 护根覆盖物（20mm）、土壤基质（100mm）、排水（10mm）48%
■ 植物材料31%
■ 隔根膜和防水层16%
■ 滴灌5%

图6-19 粗放型屋顶绿化成本细分

一个地区应用屋顶绿化的最大挑战。因此，需要开发具有成本效益的屋顶绿化。

屋顶绿化的成本主要包括建造及维护的费用，若能够在房屋设计过程中因地制宜、施工过程中合理规划，将会在一定程度上节约成本。屋顶绿化的收益多为间接经济效益，通过社会及生态环境的改善而体现，直接经济效益并不十分明显。这就需要建设者有足够的洞察力，全面分析屋顶绿化的价值，选择经济合理的方案。

（2）民居建筑屋顶绿化模式

对于黄土高原地区的民居通过调研分析总结后得出，目前地区居民解决屋顶冬冷夏热的问题有以下措施：首先，夏季在屋顶上拉遮阳网，这在一定程度上缓解了夏季日晒的问题。其次，平屋顶改坡屋顶。调研中发现，很多平屋顶民居建筑因为夏季炎热、秋季雨水集中且多暴雨，会出现夏季室内过热、秋季漏雨的情况，引发了民居建筑平屋顶改坡屋顶的现象。如山西省太原市徐沟镇西楚王村，是山西省社会主义新农村建设试点村。20世纪90年代统一规划时，建筑以平屋顶居多，由于防水隔热的问题，从近几年开始，新建民居大多恢复成坡屋顶形式，也有大批民居后期被改造成了坡屋顶（图6-20）。此外，还有些村落为了解决平屋顶夏季过热、冬季过冷的情况，如西安南豆角村采取将一层建筑扩为两层，第二层除了满足部分生活方面的功能外，还主要承担着为第一层保温隔热的功能，居民的主要生活空间都安排在第一层。这些措施一定程度上解决

图6-20 山西西楚王村"平改坡"民居

133

或缓解了居民目前遇到的问题。

但是，不论是改坡屋顶，还是靠第二层为第一层庇护以解决冬冷夏热的问题，都增加了资源的浪费和碳排放，都不利于"节材、节地、节能"目标的实现，不利于乡村人居环境的可持续发展。解决屋顶遮阳的生态做法，除了周边乔木遮阴的方式外，屋顶绿化是明智的选择。屋顶绿化的效益众所周知，那么能否在乡村推广，能否让居民自觉接受，是一个挑战。总结来看，成本费用是其要解决的关键性问题。

综上所述，结合研究区域的气候特征、经济发展状况、民居建筑形式等因素，考虑建筑的能源消耗及庭院的生态环境效益，应当开发适合地区发展的低成本屋顶绿化形式，具体种植形式及模式如下。

屋顶绿化模式一：粗放型屋顶绿化

前面论述了这种屋顶中成本占比最高的是生长基质和排水，如果在黄土高原民居上应用，需要选择当地轻质的废旧材料，在节约成本的同时，可减少屋顶荷载。适合的屋顶形式是平屋顶，屋顶建设的位置需要覆盖主要的使用空间。

屋顶绿化模式二：容器式屋顶绿化

这种形式对植物的选择相对自由，与粗放型屋顶绿化相比，成本更低，减少了对结构系统的复杂处理，更适合普通的民居建筑。

种植容器可选择罐子、盒子、木箱等，因容器一般放在屋顶的承重部位，故植物可选择花卉、花灌木和小乔木。在不影响建筑物负荷的情况下，也可以搭设棚架或网架，栽种葡萄、凌霄，以及缠绕类的蔬菜，如豆角、黄瓜等藤本植物，达到为楼顶遮阳的目的。也可以种植悬垂植物，能够为墙体及窗户遮挡夏季阳光，同时具有经济、美化及改善环境的功能。种植容器的土壤深度根据植物的不同来考虑。

6.4 模式三：植物作为新型绿色建材

国际学术界对绿色材料有明确的定义，即指在原料采取、产品制造、产品应用和废弃以后的再生循环利用等环节中，对地球环境负荷最小和对人类身体健康无害的材料。我国是农业大国，各类农业废弃物排量很大，利用农业废弃物（如农作物秸秆）等生产新型建筑材料，不仅可变废为宝、节约森林资料、提高农民收入，而且符合国家的可持续发展要求，具有强大的发展潜力。

农作物秸秆再生周期为一年或不到一年，秸秆的综合利用不仅可以带动传统农业向现代农业发展，而且可以促进农业废弃物的循环利用，因而以农作物秸秆为原材料的新型建筑材料在利用可再生资源、实现人类可持续发展这一重要的命题方面有着无可比拟的优越性。

我国进行农业剩余物生产非木质人造板始于20世纪50年代末，经过数十年的研究与探索，板材产品的种类、生产规模、工艺技术、性能质量、检验标准等都得到了不同程度的发展与提高。目前，在市场上流行着许多类型的非木质人造板产品，如金禾板、斯强板、Compak板、秸秆空心隔墙条板等。随着国内外利用农作物秸秆生产新型建筑材料的快速发展，在国际上又提出了"草砖"这一新型绿色建材的设想，并展开了一系列的科学研究。

草砖是以天然植物秸秆——稻草或麦秸为主要原料，经挤压成型的一种新型绿色建材。秸秆属于农业废弃物，在许多农村地区以燃料的方式进行处理，这样既浪费资源，又造成空气污染。草砖作为可再生资源的拓展空间巨大，在我国，尤其是在经济水平不高的农村地区有着特殊的意义。

与传统的黏土砖相比，草砖有以下特性:①优良的绝热性能;②良好的隔声效果;③满足抗燃烧能力要求;④耐久性良好;⑤良好的承载能力;⑥砖体自重轻;⑦粘结能力强。除以上所述特性以外，"草砖"还有许多传统材料所不具备的优势。"草砖"的原材料属于可循环使用的再生资源，来源丰富，而且可变废为宝，能节省大量的环境资源;造价低廉、运输费用低，适合在农村地区广泛推广，可为农村带来可观的经济收入。

总之，"草砖"作为一种建筑材料，价格低廉又节省能源。在英国，与现代传统建造的房子相比，草砖房每年所需的供暖制冷费用可以节约大概75%。草砖房可减少供暖需求，同时也就减少了由于供暖所需要的能源，以及在使用能源后释放的CO_2。在能源日益短缺的今天，草砖房对提高我国能源利用率会有巨大的好处。

6.5 小结

对植物与民居共生可能性的约束条件进行分析后，得出村落整体空间形态、院落空间环境、民居建筑形态、经济技术水平和使用者意识等因素对植物与民居的生态共生模式的形成有着重要的影响。

（1）从建筑环境绿化角度，民居建筑与周边环境中植物的生态共生关系主要受村落空间形态和院落空间环境的影响。

（2）从建筑本体绿化角度，民居建筑形态、经济和技术水平是民居建筑本体绿化实现的关键。

但是，无论从上述哪个角度考虑，最终的重要影响因素都是使用者的认识和意愿，这也是民居绿化的特殊性。

植物与民居的生态共生模式包括以下三种：

模式一：民居周边环境种植

（1）遮阴树在民居院落环境中的种植。依据模拟分析的结论，无论是独立式院落，还是集中式院落，遮阴树都有其利用的方式和最佳种植区域。在实际中需要结合实际情况，对遮阴树进行科学利用，以发挥其最大的遮阴效益。

（2）低矮植物在民居院落种植时，日照时数的影响是其首要考虑的因素，应依据住宅日照模拟结论，确定低矮植物在院落环境中的种植区域及种类选择。

模式二：民居建筑本体种植

民居墙体绿化分为直接绿色外墙形式和间接绿色外墙形式。

民居屋顶绿化分为粗放型屋顶绿化和容器式屋顶绿化。

模式三：植物作为新型绿色建材——"草砖"。

7

黄土高原"植物—民居"协同营造方法与实践应用

前面章节已经具体讨论了黄土高原"植物—民居"生态共生模式，本章将在生态共生模式的基础上，继续深入探讨针对黄土高原地区民居的现状，植物该如何营造，营造的控制指标，以及将前面章节的模拟结论作为理论框架，构建适应地区民居发展趋势的"植物—民居"协同营造体系。因为集中式院落暴露的生态问题更加突出，所以本章研究对象侧重于集中式院落。

前面已经讨论过在植物与民居生态共生模式中，植物选择存在三种形式，即遮阴树、低矮植物和攀缘植物。根据植物成景的特点，黄土高原地区植物与民居共生可以概括为墙体绿化、屋顶绿化和建筑周边环境绿化三种模式。这三种模式可以单独存在，为了达到更好的共生效益，也可以两种或三种组合的方式存在。本章参考了研究区域民居院落种植习惯，根据民居建筑现状，以植物与民居共生效益最大化为前提，提出并总结了每类植物与民居共生模式在地区实现的设计要点。

7.1 民居院落植物营造

民居院落绿化设计的目标是在尽可能不影响院落使用以及遵循民居种植习惯的前提下，营造舒适的院落小环境，满足人的行为需求。设计时主要利用遮阴树的遮阴效果，减少太阳直射，为建筑和院落遮阳，同时不影响住宅冬季对太阳光的需求。

对于大部分中、大乔木，树冠下空间高于院落空间的垂直要素，其生长几乎不受院落三维空间的限制，因此，可以充分利用民居院落内部和外部可利用的空间进行中、大乔木种植，这些乔木类型对居民活动空间的微气候都能产生重要的影响，即植物可以为居民生活的室内外空间进行遮阴以减少夏季的太阳直射。从这个角度考虑可将民居周边环境分为三个尺度：院落、扩大院落和院落组团，这三个尺度内的植物种植都有可能与民居建筑发生共生关系，这需要合理地选择植物种类，科学地确定植物相对于建筑的距离和方向。

本研究的民居院落绿化设计是利用4.4.2小节中关于院落气候种植技术模拟研究的结论，讨论地区民居周边环境不同尺度下植物种植方式及种类选择。

在研究区域，受村落空间形态的影响，院落尺度都很小，基本都为3～4分地（200～267m²）。院落布局有多院落联排和两院落并联两种形式，院落与院落之间没有缓冲空间或交通空间。对于多院落联排的院落布局，处于中间位置的院落不存在裸露的东墙或西墙，只有整个组团的两端院落存在着裸露的东墙或西墙。对于两院落并联的院落布局，每户院落都存在裸露的东墙或西墙，且是街巷空间的界限，组团的两端院落还有裸露的南墙或北墙。

研究区域院落受村落空间形态的影响基本有三种布局形式：南向院落、北向院落和南北向院落。根据前面章节的模拟结果，20m范围内的大乔木都可能对民居建筑在冷却季节有一定的影响，但是这个已经超出院落的尺度，到了街巷的范围。另外，由于院落紧凑的布局形式，某院落植物种植可能对邻居的院落有一定的生态效益。因此，接下来讨论民居环境中植物的布置与设计需要考虑三种尺度：院落、扩大院落和院落组团。

7.1.1 院落植物营造

前面章节讨论植物在民居周边科学种植时，主要考虑三个关键因素：植物相对建筑的方位、与建筑的间距及植物自身的大小和类型。对于院落空间，在梳理基础资料时总结了地区院落受用地和村落空间形态等因素的影响，形成了南向院落、北向院落及南北向院落，再加上院落联排或并联的布局形式，导致植物在自家院落空间种植时相对建筑的方位基本是南向或北向。

对于植物与建筑的间距，受院落用地的影响，院落空间的进深有限，如常见的三分地模式，用地进深在20m以内，院落空间的进深基本在10m左右。这对植物大小和类型的选择有着至关重要的影响，换言之就是不同院落类型和空间形态对院落内的植物种植方式及形式起着决定性作用。所以，探讨院落内植物的利用，可以从院落类型和空间形态入手。

1. 南向院落

研究区域冬冷夏热，庭院布置在住房的南向，有避风向阳的优点，满足了冬季日照的需求，但夏季炎热，应适当遮阳。然而，夏季利用植物遮阳时，应同时考虑冬季的日照。所以，遮阴树的种植是考虑的重点。

（1）遮阴树种植位置

根据第4章模拟分析结果可知，植物对院落和民居建筑都有一定的环境效益，对于同等条件的植物在院落中种植位置偏南或偏北，不会影响植物对院落热舒适度的改善，种植位置偏东或偏西，会有差别，院落内部空间植物种植位置偏向西侧时，对院落的微气候影响效果显著，因为植物可有效遮挡下午西晒的阳光。

植物对民居建筑的影响，重点考虑种植在建筑南向位置的情况。通过前面的模拟讨论，建筑南向，在夏季，由于太阳高度角比较高，所以除非离建筑很近，否则会很难在建筑表面上形成阴影。所以在满足院落使用和不破坏建筑结构的前提下，如果使院落空间中种植的植物效益最大化，即能够为院落提供舒适阴凉空间的同时也在建筑外表面形成阴影，那么小乔木、中乔木和大乔木与建筑的间距应分别是1.5m、3m和5m，阴影落在窗子上会有最大的生态效益，如图7-1（a）所示。在冬季，民居建筑南向的种植需要控制植物的分枝点高度，让日照从植物树冠下方到达建筑，小乔木、中乔木和大乔木的树干高（分枝点）分别是1.5m、4m和5m，所以不论建筑是几层高，小乔木在冬季都会遮挡窗户的日照。因此，一层建筑南向可种植中乔木和大乔木，二层建筑南向只能种植大乔木。实际上，由于院落空间兼顾生产和生活多项功能，居民为了不影响对院落空间的正常使用，植物一般与建筑离得较远，这时植物与建筑间就不会产生阴影效益，仅对院落空间有一定的影响。但是，在这种情况下，树冠会影响建筑冬季的日照。根据前面的模拟可知，小乔木、中乔木和大乔木在冬季需要满足建筑日照遮挡要求，如果不遮挡冬季的太阳照射，则与建筑的间距分别是小乔木大于4.5m［图7-1（b）］、中乔木大于7m［图7-1（c）］和大乔木大于15m。以三分地（10m×20m）的宅基用地为例，院落进深基本在10m左右，根据第3章梳理的南向院落的空间形态来看，如果种植中乔木，基本上已经到了院落入口的位置，入口若有门房设计，则将不满足中乔木的种植要求。

在考虑植物对建筑日照需求的影响时，还要考虑整个院落空间的舒适度问题。根据太阳一天的变化，夏季午后的日照辐射强度逐渐增强，单棵乔木尽量种植在院落偏西的位置，这里是遮挡院落空间太阳辐射的最佳位置。

（2）遮阴树大小的选择

以西安为例，对于一层民居建筑，遮阴树近距离种植时，小乔木会遮挡冬季阳光，中乔木会遮挡部分阳光，需要进行修剪，大乔木不遮挡冬季阳光（图7-2）。根据同样的分析方法，二层建筑南向近距离种植时，只能种植大乔木。三层建筑层高超过10m，近距离种植大乔木也会遮挡冬季阳光。根据图7-2可以推断出，在建筑南向近距离（可以遮挡夏季阳光的直射，在建筑南墙上能形成阴影的距离）种植遮阴树的结论。

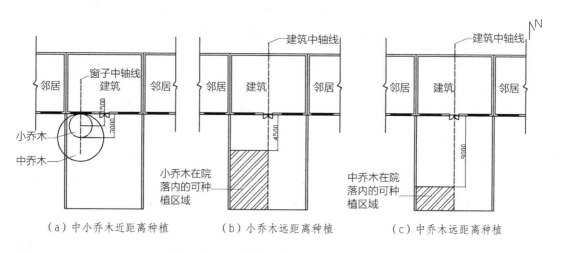

（a）中小乔木近距离种植　　（b）小乔木远距离种植　　（c）中乔木远距离种植

图7-1　民居建筑南向种植最佳距离及位置

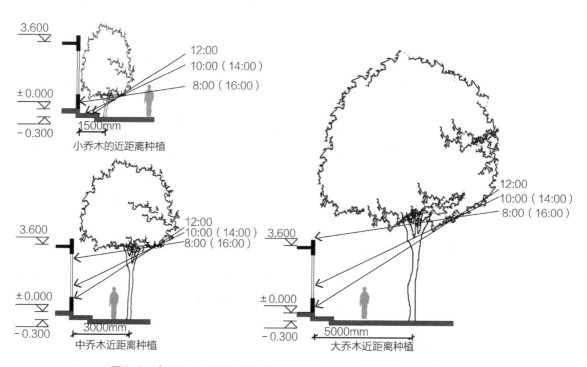

图7-2　冬至日一层民居建筑南向遮阴树近距离种植对阳光的影响

1）一层建筑（层高3.6m）：

①小乔木分枝点1.5m，遮挡冬季阳光；

②中乔木分枝点4m，可修剪；

③大乔木分枝点5m，基本不遮挡冬季阳光。

2）二层建筑（层高3.6m）：

①中、小乔木会遮挡冬季阳光；

②选择大乔木近距离种植需修剪。

3）三层建筑（层高3.6m）：

建筑高度10m左右，大乔木也会遮挡其冬季阳光。

对于南向院落的远距离种植，根据图7-1（b）和（c）可以得出，院落南北进深的大小会影响对植物大小的选择。如果可种植空间南北进深在4.5～7m范围内，可种植小乔木；在7～15m范围内，可种植中乔木；大于15m，可种植大乔木。

2. 北向院落

对于北向院落，院落种植的植物处于建筑的北向，对院落舒适度的改善与南向院落基本相同。而对建筑的影响，理论上来说，北部的植物对于建筑的益处表现在两个方面。一方面，由于日常和季节性太阳运动，北部的树木在建筑物表面上造成的阴影可忽略，因此预期对建筑能源消耗的影响有限。然而，这些树木可以通过在夏季对下垫面反射的遮挡、蒸发冷却和防风效果来促进建筑节能，也可以通过遮挡太阳辐射为居民提供舒适的室外空间环境。这些树木在冬季通过防风效应能够节省热能消耗。虽然地面遮蔽和防风效应的微气候因素不是本研究的主要内容，但不能否认它们对建筑节能的影响。在现实中，北向种植的单棵树的热量节省是最小的，因为研究区院落内种植乔木的数量有限，防风林是最有效的密集多树种植形式，而不是单一的树木。另一方面的潜在利益是树冠可遮蔽降雨并延迟雨水径流。

因此，尽管北向院落的种植对建筑表面的阴影没有产生明显的影响，但由于有以上两个方面的潜在利益，也应该有树木种植。考虑到不影响夏季通风且为院落遮阴，故植物应种植在院落的西北侧，同时还需要考虑院落使用的方便和审美需求。

7.1.2 扩大院落植物营造

扩大院落，这里是指院子外的部分空间，具体是指与建筑4个方向的墙体外表面间距为15～20m以内的空间。在院落空间不适合种植的情况下，若扩大院落空间的种植得当，也能够与民居发生生态共生关系。

1. 遮阴树种植位置

研究地区存在两种情况：

（1）院落不适合种植。在建筑的南向，种植在街道空间的植物与建筑的间距基本上大于院落的纵向尺寸。若院落尺度小于5m，为了植物与住宅建筑和院落都产生生态效益，那么，就应该选择常用植物列表中的大型树种。根据模拟结果，大乔木与建筑间距的阴影优化范围是5～15m，具体的植物选择可参考院落的尺度。若院落进深大于5m，仅考虑植物与院落的关系，这时，需要考虑建筑冬季的阳光射入。参考前面模拟结果，即小乔木大于4.5m、中乔木大于7m和大乔木大于15m，那么，理想的选择应该是小乔木和中乔木（图7-3）。

（2）院落外东西两侧有种植空间，也就是说，主干道或次干道足够宽。距离建筑5～15m范围种植的大乔木、3～6m范围种植的中乔木和1.5～3m范围种植的小乔木将对建筑外表面产生比较显著的影响（图7-4）。如果有足够的种植空间，则将不限制植物种植的数量。

种植方式是根据地块及建筑方向，确定第一棵树的最佳位置后，将第二棵树放置在与第一棵树距离最小又避免树冠重叠的位置，否则将会减少每棵树的遮阴效益。依据第4章模拟的结论，所有模式中的参考线是建筑东西中轴线。第一棵树是种植在中轴线的位置，还是树冠与中轴线相切的位置，取决于植物成年树的大小，主要原则就是列植在建筑西向的植物尽量减少建筑进深尺寸范围内树冠与树冠相切的数量。

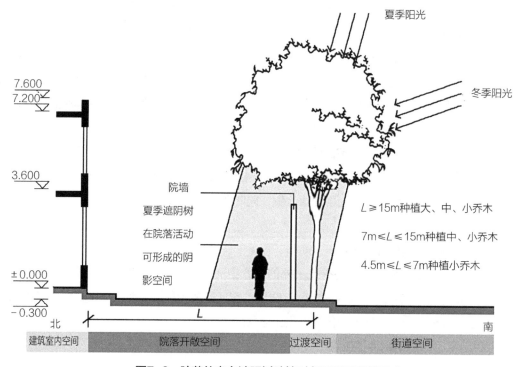

图7-3 院落外南向遮阴树种植对冬夏季日照的影响

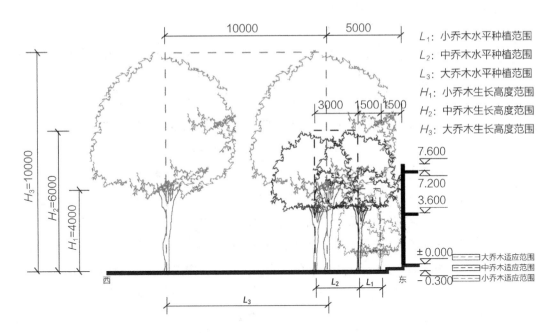

图7-4 院落外东西向遮阴树大小的选择及种植范围

2. 遮阴树大小的选择

根据图7-3，扩大院落遮阴树大小的选择取决于遮阴树种植的位置与民居主体建筑的间距，对于黄土高原大部分地区冬季寒冷、夏季炎热的气候，遮阴树大小的选择如下：$L \geqslant 15m$时，可种植落叶大乔木，不影响冬季主体建筑的阳光；$7m \leqslant L \leqslant 15m$时，可种植落叶中乔木，不影响冬季主体建筑的阳光；$4.5m \leqslant L \leqslant 7m$时，可种植落叶小乔木，不影响冬季主体建筑的阳光。

7.1.3 院落组团植物营造

不管是院落还是扩大院落，植物种植都会产生"溢出"效益，即邻居家西南方向的树种有可能是相邻建筑东南方向遮阴的树木，所以就形成了比单独西向或南向种植更节约能源的方式，也就有了院落组团的研究尺度。

1. 院落种植组合的院落组团

以多院落联排的南向院落为例，若所有院落空间都可以种植，单树种植在院落靠东西两侧，则东侧院落空间的种植将对西侧邻居的院落具有一定的影响。在上午，东侧院落的种植对西侧院落有一定的遮阴影响，到了下午，西侧院落的种植也会对东侧院落有一定的遮阴影响，从而产生"溢出"效益。

2. 扩大院落种植组合的院落组团

以多院落联排的院落为例，如果院落空间南北进深超过5m，冷却季节南向街巷空间的单棵树与建筑将不会产生共生关系，但是对院落空间有一定的影响，且影响的范围也许不止一家，前提条件是树木种植位置和大小合适。但对于两院落并联的院落情况则有所不同，街巷主要空间在建筑的东西两侧，刚好是植物影响建筑的两个最佳方向。

同样根据以上模拟结果，即在东西两侧距离建筑5~10m种植的大乔木、3~6m种植的中乔木和1.5~3m种植的小乔木遮阴效果都很明显，都会对建筑有一定的影响。依据第4章的分析，根据实际情况组织东西向植物种植，以前面章节模拟的建筑形式为例，种植的街巷空间植物在一定程度上也会产生生态"溢出"效益（图7-5）。

从图7-5中可以看出，西侧建筑共生的遮阴乔木对东侧建筑也有良好的遮阴效果。在扩大院落尺度下，大乔木和中乔木会产生生态"溢出"效益，而且大乔木的效果好于中乔木，到17：00时，对屋顶也具有遮阴效果。在种植遮阴树时，对L值（乔木与建筑西墙产生生态效益的最大间距）有一定限制，对大乔木L值小于15m，对中乔木L值小于9m，这样才会有明显效果。由于要满足街巷交通空间，且已经超出了小乔木的最佳影响间距，故在扩大院落尺度下，遮阴树的生态"溢出"效益仅针对大乔木和中乔木。

遮阴树种植需要了解研究地区村落空间形态、民居建筑形式及居民的偏好和期望等影响因素，然后选择树木种植策略，使树木达到最佳使用目的。然而，由于空间有限，以及维护成本和潜在的损失，较小的成熟树木，特别是开花树或果树，似乎是许多乡村居民的偏好。这些偏好可能对从现在起几十年的能源消耗产生深远的影响。因此，必须在满足景观条件的整个背景下考虑树木的选择和放置。研究区域遮阴树的选择参照表7-1，以最大限度地获取潜在的利益，同时最大限度地减少个人和社区的损失与成本。

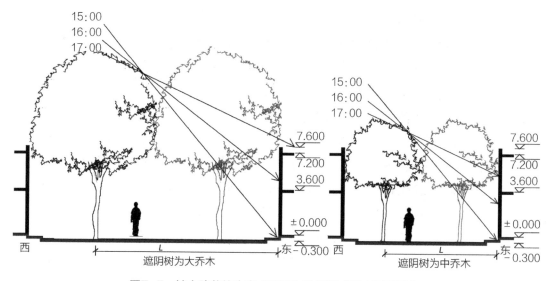

图7-5 扩大院落的生态"溢出"效益模式图（夏至日）

除了上述遮阴树的种植之外，民居环境中还可种植低矮植物。低矮植物虽然不具有一定的遮阳效果，但是能美化环境和减少下垫面的光反射，同时也可收集利用部分雨水，并减少雨水径流，这些在一定程度上都能改善院落的居住环境。对于民居建筑的南向，即南向院落，光照相对充足，在不影响居民使用院落的情况下，可以选择一些阳性或中性的低矮植物。民居北向，即北向院落，针对建筑的高度，在阴影区内可选择耐阴植物。不管是南向还是北向，低矮植物种类中的常绿和落叶植物均可使用，研究区域常见的低矮植物见表7-1。

地区常用民居遮阴树木列表　　　　　　　　　表7-1

代码+区名称	行政代表区域（县市）	遮阴树木大小分类			
		大乔木	中乔木	小乔木	攀缘植物、灌木和花卉
I A-1 汾渭盆地豫西民居绿化区	西安、宝鸡、洛阳、三门峡、运城、临汾	梧桐、泡桐、臭椿、刺槐、构树、丝棉木、国槐、梓树、杨树、柳树、榆树、刺梨树、楸树等	香椿、云杉、核桃、毛栗子、合欢、扁柏、柿树等	紫薇、桃树、无花果等	大叶黄杨、月季、爬山虎、丁香、石榴、地锦、桂花、竹子、花椒、猕猴桃、牡丹、金银花、紫荆等
I A-2 晋中山地台地民居绿化区	太原、宁武、五台、吉县	国槐、杨树、臭椿、旱柳、榆树等	圆柏、油松、云杉、柿树等	枣树、杏、山楂、苹果、核桃、樱桃、白梨、桃树、李等	
I A-3 渭北子午岭残垣丘陵沟壑民居绿化区	天水、淳化、富县	泡桐、杨树、柳树、槐树、榆树等		苹果、白梨等	葡萄、牡丹、石榴、竹子、月季、丁香、萱草、菊花、梅花、连翘、凌霄等

7.1.4 建筑本体植物营造

1. 墙体绿化设计

受黄土高原气候特征的影响，民居建筑多采用南北向布局，南向开窗，东西两侧很少开窗。所以，对于东西墙的墙体绿化基本不用考虑窗户的采光问题。而且，夏季西墙遮阳对于建筑的热舒适度具有一定的积极作用，因此西墙的建筑本体绿化显得尤为重要。

东西墙作为街巷空间边界，且种植乔木的空间有限（即树木可能会冲突建筑边界）时，墙体绿化是其考虑的最佳方式。墙体绿化有多种形式，前面研究中已经论述了适合地区民居建筑墙体绿化的形式，有绿色外墙的直接系统和间接系统中的牵引式。这两种墙体绿化形式可以在已建成的民居建筑上或正在建设的民居建筑上简单地实现。

（1）设计要点

墙体绿化主要用于建筑的东、西墙，用以遮挡日晒。由于建筑南向开窗，且人的活动多发生于南向，所以，建筑南墙的绿化多选择间接绿色外墙系统。支撑物与建筑之间的间距可以加大，支撑物就衍生成了凉架，给建筑遮阳的同时，凉架下面的空间可以为居民提供一个舒适的室外休憩空间。设计时需要注意的是，用一个爬满藤木的凉棚来给窗户遮阳，其高度应当高于窗户，并且尽可能地向外延伸。在东侧和西侧竖起的藤架则可以在建筑的任何一个方向栽种，以创造出冬夏季都能隔绝建筑的闭塞空间。

植物栽植的方式和方法需参考现有的规范要求。范洪伟提出，墙体基部有裸露土地的可直接种植。为防止人为践踏，可在离墙基30～50cm处砌种植槽，把植物种植于槽内；若墙基无土，可建槽填土种植，也可栽植于可移动的种植槽内，沿墙摆放。

若采用下垂式绿化方式，则在墙面的顶部、阳台、窗台或檐口等部位安装种植容器或预留花池，放入人工轻质土壤，种植枝蔓伸长力较强的藤蔓植物。不管使用哪种类型的绿化，种植土壤厚度应保证在45cm以上，同时应做好防水和排水工作。

本书根据以上规范要求和民居建筑墙体绿化模式，结合民居现状，总结出几种民居建筑墙体绿化设计要点（图7-6）。直接墙体绿化适用于民居建筑东西墙，南墙使用时需要对窗户空间进行管理。间接墙体绿化主要适用于南墙，当东西墙表面材质不适合植物攀爬时，也可用间接墙体绿化方式。

（2）支撑结构的选择

民居墙体绿化的结构应考虑节约成本，可利用当地可再利用的废旧材料，如绳子、木棍、竹竿、废旧线缆等，可永久固定，也可临时搭建。如果种植一年生蔬菜、草药及观赏植物，可采用临时搭建的材料，每年可更换；如果是多年生植物，主体构架可以采用结实耐久的材料，如用固定的混凝土架子、钢架等与墙体结合。

（3）植物选择

在选择藤蔓植物进行墙体绿化时，要注意以下几点：

1）地域因素：藤蔓植物种类繁多，应选择适合当地生态环境的乡土植物。乡土植物经过长期的生长驯化，已具备了抵御极端气候的能力，可增加绿化种植的成活率。

2）气候与环境因素：我国南北地区的气候与环境存在很大差异，北方应考虑植物的抗寒性和抗旱性，南方应考虑其耐湿性。除此之外，还要考虑垂直绿化对环境的改善功能，根据不同目的进行合理配置。

3）建筑因素：建筑的墙体绿化应满足功能、生态和景观要求，根据不同绿化形式正确选用植物种类。如以降低室内气温为目的，应在墙面绿化中选择叶片密度大、日晒不易萎蔫、隔热性好的攀缘植物；建筑墙体的北墙面应选择耐阴植物，西墙面则应选择喜光、耐旱的植物。除此之外，还应注意与建筑色彩和风格的协调。

进行墙体绿化时应首先选择生长速度快、攀附能力强、能较快覆盖墙体的藤蔓植物。根据地区的生态条件及现状调研，适合墙体绿化的植物种类有：多年生植物，如爬山虎、五叶地锦、凌霄、金银花、蔷薇、葡萄、猕猴桃等；一年生植物多为蔬菜类，如葫芦、吊瓜、南瓜、冬瓜、豆角、黄瓜等，都属于缠绕类的攀缘植物，可进行间接墙体绿化。这些植物除了具有观赏功能外，还能在夏季遮挡阳光，并且成为居民需要的水果蔬菜。

（4）墙体维护

有些种类的攀缘植物会腐蚀建筑墙体，其原因有三个：一是有些植物的根（如爬山虎）会分泌具有腐蚀作用的酸性物质；二是一些植物（如爬山虎、薜荔）的枝条上会长出许多根，这些根一有缝隙就钻，伸入缝隙后易引起墙壁水泥表面剥落；三是支撑构件对墙体的影响。

2. 屋顶绿化设计

（1）设计要点

前面已经论述过，对于地区民居建筑来讲，粗放型屋顶绿化和容器式屋顶

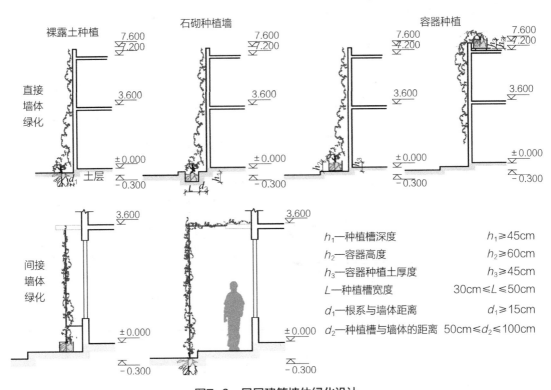

h_1—种植槽深度　　$h_1 \geqslant 45$cm
h_2—容器高度　　$h_2 \geqslant 60$cm
h_3—容器种植土厚度　　$h_3 \geqslant 45$cm
L—种植槽宽度　　30cm$\leqslant L \leqslant 50$cm
d_1—根系与墙体距离　　$d_1 \geqslant 15$cm
d_2—种植槽与墙体的距离　50cm$\leqslant d_2 \leqslant 100$cm

图7-6　民居建筑墙体绿化设计

绿化是目前民居建筑可实现的形式，具有低养护、免灌溉的优势。设计时主要注意两点：一是防水处理；二是种植介质的选择，尽量选择当地材料，减少成本（表7-2）。

对于容器式屋顶绿化的设计，容器的选择很重要，可以选择标准生产的容器（图7-7）。如果要满足屋顶遮阳的功能，这种形式最容易实现的绿化方式就是利用凉架，在容器中种植攀缘植物。无论是可移动容器，还是固定容器，在屋顶上放置时，都要放置在建筑的承重结构之上，这样相对安全。容器放置的方向，尤其是结合构架种植攀缘植物时，为了更好地给屋顶遮阳，应尽量放置在屋顶南侧和西侧，以遮住夏季强烈的阳光。

	民居屋顶绿化的主要做法	表7-2
	简图及构造做法	**植物选择**
粗放型屋顶绿化（平屋顶）	1. 植被层； 2. 10~30cm厚种植土； 3. 无纺布过滤层； 4. 15~20cm高排蓄水层； 5. 20cm厚水泥砂浆保护层； 6. 隔离层； 7. 耐根穿刺复合防水层； 8. 找平层； 9. 保温层； 10. 30cm厚水泥砂浆隔离层	草坪、地被植物
粗放型屋顶绿化（既有屋顶改造）	此层以上为改造做法 1. 植被层； 2. 10~30cm厚种植土； 3. 无纺布过滤层； 4. 15~20cm高排蓄水层； 5. 20cm厚水泥砂浆保护层； 6. 隔离层； 7. 耐根穿刺复合防水层	草坪、地被植物
	此层以上为改造做法 1. 植被层； 2. 10~30cm厚种植土； 3. 无纺布过滤层； 4. 15~20cm高排蓄水层； 5. 20cm厚水泥砂浆保护层； 6. 隔离层； 7. 耐根穿刺复合防水层； 8. 找平层； 9. 保温层； 10. 30cm厚水泥砂浆隔离层	草坪、地被植物

续表

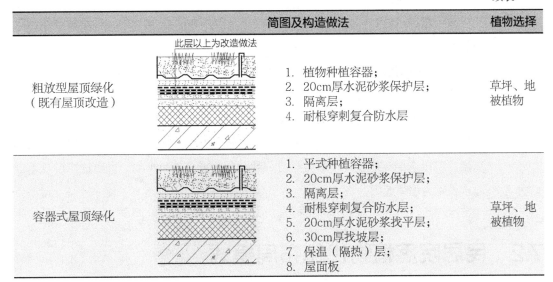

	简图及构造做法	植物选择
粗放型屋顶绿化（既有屋顶改造）	1. 植物种植容器； 2. 20cm厚水泥砂浆保护层； 3. 隔离层； 4. 耐根穿刺复合防水层	草坪、地被植物
容器式屋顶绿化	1. 平式种植容器； 2. 20cm厚水泥砂浆保护层； 3. 隔离层； 4. 耐根穿刺复合防水层； 5. 20cm厚水泥砂浆找平层； 6. 30cm厚找坡层； 7. 保温（隔热）层； 8. 屋面板	草坪、地被植物

（2）种植介质和容器的选择

对于粗放型屋顶绿化，可选择当地易于取得的材料，如田园土与草木的混合，以及在乡村地区容易取得的其他种植介质。

对于种植容器，如果种植一年生植物，为节约成本可废物利用，生活中淘汰的盆、罐、桶、木箱及泡沫箱等均可利用。如果种植多年生的木本植物，需要选择持久耐用材质的容器，如钢、铁、陶瓷、塑料及瓦罐类的花盆等，但要尽量选择轻质材料。

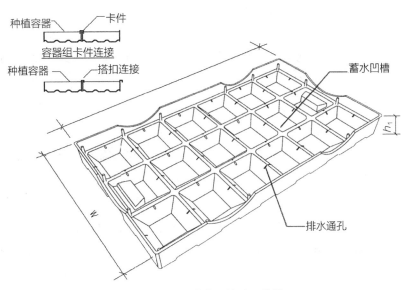

图7-7　平式容器构造及连接

（3）植物选择

对于攀缘植物，需要种植在容器内，除了选择吸附类植物外，种类与墙体绿化的基本相同。

3. 窗台绿化设计

窗台是居民在住宅室内与外界自然接触的一个媒介，是室内外的节点。窗台绿化不仅能陶冶性情、美化环境，在改善小气候方面也是不容忽视的一部分。

窗台绿化可以减少热效应、净化空气，以及有利于降低夏季因太阳辐射带来的高温。可以选择当地室外夏季生长良好的一年生或多年生植物，也可选择可悬垂的藤本植物为墙体遮阳。

7.2 民居院落植物优化布局模式

7.2.1 优化布局的目标

协调院落空间植物与建筑、院落之间的关系，整合植物与建筑、院落的协同作用，形成优化的院落空间植物布局模式，有助于帮助院落设计适应于地域气候的条件，达到经济节能与健康舒适双赢的效果。结合前文研究，本书为院落植物优化布局制定了舒适性、高效性、适应性三个目标。

1. 舒适性

舒适性是可以用来评价与人们的活动、健康或幸福有关的热环境质量的一项重要标准。在人类赖以生存的条件范围内，冷、热适度的状态被称之为舒适，在此条件下，人体热调节机能的应变最小。它往往受外部环境情况、个体活动状态及心理主观感受等多变量的共同影响，具有复杂性。结合地域气候，以营造人类舒适的居住环境为目标，探讨黄土高原地区冬冷夏热的院落植物优化布局策略，需要更多地关注正午时段的状况，探讨如何减轻炎热所带来的不舒适感。

2. 高效性

从全局性和实效性角度来看，恰当的院落植物景观要素配置，有助于植物在建筑气候调节中高效发挥其效能。应有效利用气候资源和地域特征，缩短夏季空调使用时间，减少冷却能耗，将植物景观要素的特殊功能直接转化为切实的建筑节能手段，实现植物要素在建筑节能设计中的应用价值。植物要素在院落中不同水平的布局方式会直接影响气候空间的协同作用及气候设计的实际效果，关系到能源节约的有效性。

3. 适应性

院落植物优化设计的适应性目标，主要体现在两个方面：其一，对地域气候的适应性，优化的院落种植设计应具备对气候环境的应变力，不同的地域气候对应不同的院落种植设计策略；其二，对院落功能的适应性，不同院落功能的差异性会影响优化设计的结果，将居民的主观意愿纳入考量范围，有助于适应不同院落空间设计的需求，满足院落空间设计的多样性要求，实现传统居住文化在当代院落设计中的灵活应用。总之，院落植物优化设计应在适应特定气候环境与院落功能的前提下，平衡舒适性与高效性的动态优化结果，而非采用某种固有不变的布局。

7.2.2 优化布局的模式

由第4章研究结果可知，当植物选择大型遮阴乔木且距离建筑最近时，夏季在住宅建筑外表面形成的量化阴影百分比达到最优；当植物的冠透射率一致时，院落遮阴树的冠覆盖率越大，夏季室外热环境就越能够保证热舒适。以此作为筛选优化设计方案的依据，兼顾舒适性、高效性、适应性目标，以三分地（10m×20m，建筑进深7.5m）为例，筛选出以第3章总结的几种典型院落空间模式为代表的满足热舒适的独立院落种植方案，共12种，见表7-3，以及组合院落种植方案共7种，见表7-4。

典型院落空间植物最佳布局模式		表7-3
类型	最佳布局模式	说明

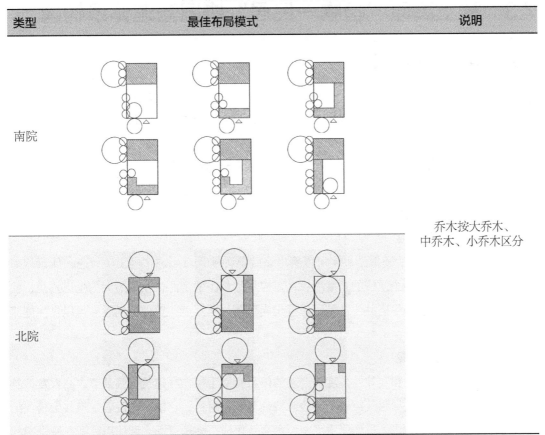

乔木按大乔木、中乔木、小乔木区分

组合院落植物最佳布局模式　　　　　　　　表7-4

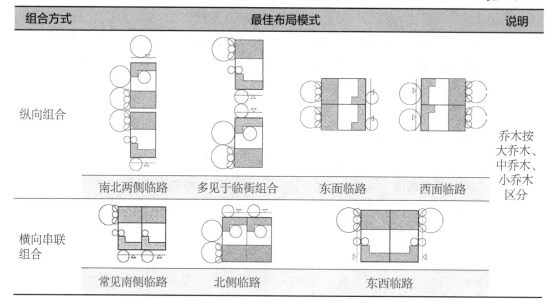

组合方式	最佳布局模式	说明
纵向组合	南北两侧临路　　多见于临街组合　　东面临路　　西面临路	乔木按大乔木、中乔木、小乔木区分
横向串联组合	常见南侧临路　　北侧临路　　东西临路	

7.3 黄土高原"植物—民居"协同营造体系构建

7.3.1 体系构建的目标

1. 可实现

可实现即为实现植物优化布局模式创造有利条件，实现的主要条件有两个：其一，有满足植物种植需求的实体空间，从优化布局的方案来看，高大乔木的种植条件是其优化布局实现的主要因素，以此来评判街巷空间的尺度需求；其二，根据地域气候条件，须满足住宅冬季日照的要求，以此来评判南向院落空间的尺度大小。这两个条件是实现大乔木种植的主要影响因素。

2. 可拓展

从第4章的模拟结果中可以看出，院落种植具有生态"溢出"效应，体系构建从植物发挥多个效应的角度考虑，可应用尽量少的资源，发挥最大的生态效益，使植物与民居的生态共生从院落尺度走向聚落村落尺度，整体协同效应得以良性健康发展。

3. 可集成

从全局性和实效性角度，合理的体系有助于植物在建筑气候调节中高效发挥其效能。应有效利用气候资源、地域特征及乡土材料，将植物与民居生态共生模式的多样化、现代化、科学化水平与技术高效集成，缩短夏季空调使用时间，减少冷却能耗，营造舒适的室内热环境，以及改善室外环境的热舒适度。室外环境包括院落活动空间、院落过渡空间、村落街巷空间等人们可活动的一系列室外空间。

7.3.2 体系构建的依据

1. 研究结果

在院落空间中，西南及西侧是植物发挥最大效益的位置。若临近建筑，则会与建筑结合营造更舒适的小环境；若靠近院落中间，则会有更多的遮阴效果。随着覆盖率的增大，乔木对温湿度及PMV的影响比较明显。所以，在空间允许的范围内，应尽可能选择覆盖率大的植物或种植多棵植物。但实际上，受院落用地的影响，单棵乔木的种植概率较大。目前由于大多数地方缺水，灌木和其他植物的种植规模受到限制。

在黄土高原地区，除了住宅建筑西向，东南或西南向的树木将是次优的选择。大树被证明在西边5m处能提供最大节能效益，5~10m处都能提供有效的树阴。另外，建议在6m内种植一棵中乔木，或在3m内种植一棵小乔木，以便在夏季6、7、8月分别获得最大的阴影效益；为保证冬季院落日照，小乔木（6m高）种植在4.5m以外、中乔木（10m高）种植在7m以外、大乔木（15m高）种植在15m以外（基本属于街巷空间），这样对住宅的日照遮挡几乎消失。

2. 政策法规

《城市道路绿化规划与设计规范》CJJ 75—1997：分车绿带的植物配置形式应简洁，树形整齐，排列一致。乔木树干中心至机动车道路缘石外侧的距离不宜小于0.75m。行道树定种植株距，应以其树种壮年期冠幅为准，最小种植株距应为4m。行道树树干中心至路缘石外侧的最小距离宜为0.75m。

《陕西省农村村庄建设规划导则（试行）》（2006年3月1日施行）：道路等级与宽度，村庄道路应依据村庄类型、地形等确定道路等级系统。道路的组织形式与断面宽度的选择也要因地制宜。一般应符合以下规定：村庄主要道路红线宽度12~18m，村庄次要道路红线宽度8~10m，宅间道路路面宽度3~5m，村庄主、次道路的间距宜为120~260m。

《山西省村庄建设规划编制导则》：村庄道路宽度，村庄主干路路面宽度为10~14m，建筑控制红线宽度为16~20m；村庄干路路面宽度为8~10m，建筑控制红线宽度为12~16m；村庄支路路面宽度为6~8m，建筑控制红线宽度为10~12m；村庄巷路路面宽度为3.5m。

《河南省新型农村社区规划建设标准（导则）》：道路系统分级设置，一般分为三级：社区级道路、组团级道路和宅间道路（表7-5）。

新型农村社区道路分级设置一览表 表7-5

	特大型社区		大型社区		中型社区		小型社区	
	道路红线	建筑控制线	道路红线	建筑控制线	道路红线	建筑控制线	道路红线	建筑控制线
社区级道路	10~20m	20~30m	8~15m	14~21m	8~12m	14~18m	8~10m	14~16m
组团级道路	8~12m	14~18m	8~10m	12~14m	6~10m	10~14m	6~8m	10~12m
宅间道路	4~6m	6~8m	4~6m	6~8m	4~6m	6~8m	4~6m	6~8m

将以上依据共同作为技术指标参考，构建适应地区新民居发展的植物与民居共生需求的协同营造体系。

7.3.3 体系构建的结果

构建的体系以最常见的南向院落，且常见的东西临路和南向临路布局为例（图7-8、图7-9）。建筑体块的组合方式及院落的进深并不影响扩大院落和村落空间的整体种植技术指标，参考点为主体建筑，仅对院落内部空间的种植有所影响。依据模拟结果，南向的种植与建筑间的共生实际上难以实现，只能满足院落的遮阴，因此，营造体系可任意选择其中一种院落模式，本节选择了研究区域三分地的布局形式。每一种形式从院落到组团到村落空间形态都有一定的技术指标进行限定，满足这些指标便从某种程度上达到了植物与民居的生态共生需求。从体系中可以看出，街巷空间的大小会影响扩大院落乔木类型的选择；反过来，如果希望植物与民居共生效果达到最好，街巷空间的g值（村落主干道宽度）和h值（村落次干道宽度）就应该满足体系中的最小值。

体系中仅给定了遮阴树的最佳种植区域，对于具体的种植方式存在多种情况。本研究以三分地（10m×20m）的院落单体为例，西侧的种植形式有三种。以西侧为基准，也就是三分地扩大院落的种植存在三种模式，宅基地南北宽20m，主体建筑进深7.5m，院落进深不满足15m，南向院落外不满足种植大乔木的要求，故选择中乔木或小乔木种植。

不管是东西向入户还是南向入户，院落西侧种植与南侧种植形式组合后可出现六种种植方式，也就是西侧为大乔木、中乔木、小乔木三种形式，分别与南向的中乔木和小乔木两种形式组合（图7-10~图7-12）。不论入户门位于哪个方向，每种院落种植形式都可以构成一种村落空间形态，依据前一章节的模拟结果，这三种模式中以图7-10中模式一的第1种形式效果最佳，即西侧种植大乔木、南侧种植中乔木。

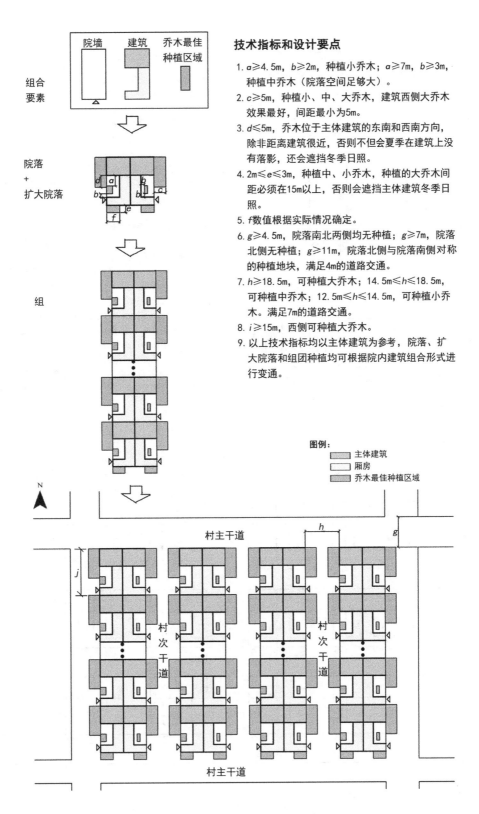

技术指标和设计要点

1. $a \geqslant 4.5m$，$b \geqslant 2m$，种植小乔木；$a \geqslant 7m$，$b \geqslant 3m$，种植中乔木（院落空间足够大）。

2. $c \geqslant 5m$，种植小、中、大乔木，建筑西侧大乔木效果最好，间距最小为5m。

3. $d \leqslant 5m$，乔木位于主体建筑的东南和西南方向，除非距离建筑很近，否则不但会夏季在建筑上没有落影，还会遮挡冬季日照。

4. $2m \leqslant e \leqslant 3m$，种植中、小乔木，种植的大乔木间距必须在15m以上，否则会遮挡主体建筑冬季日照。

5. f数值根据实际情况确定。

6. $g \geqslant 4.5m$，院落南北两侧均无种植；$g \geqslant 7m$，院落北侧无种植；$g \geqslant 11m$，院落北侧与院落南侧对称的种植地块，满足4m的道路交通。

7. $h \geqslant 18.5m$，可种植大乔木；$14.5m \leqslant h \leqslant 18.5m$，可种植中乔木；$12.5m \leqslant h \leqslant 14.5m$，可种植小乔木。满足7m的道路交通。

8. $i \geqslant 15m$，西侧可种植大乔木。

9. 以上技术指标均以主体建筑为参考，院落、扩大院落和组团种植均可根据院内建筑组合形式进行变通。

图7-8 植物与民居协同营造体系一

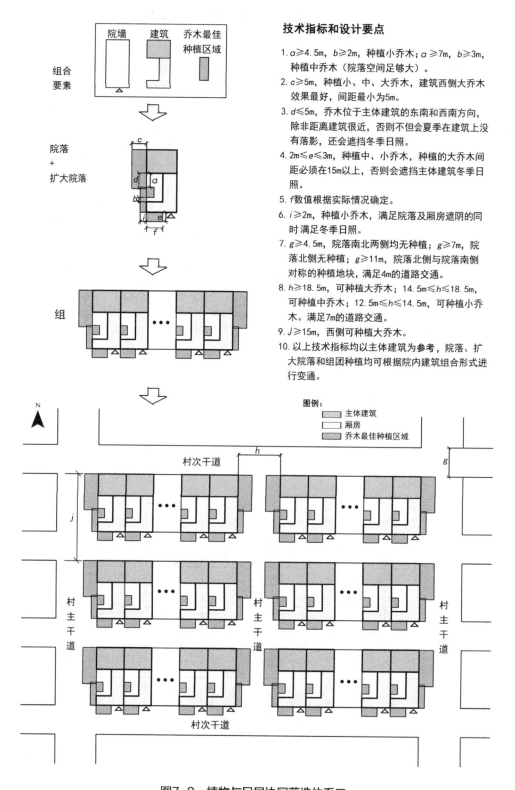

技术指标和设计要点

1. $a \geq 4.5m$，$b \geq 2m$，种植小乔木；$a \geq 7m$，$b \geq 3m$，种植中乔木（院落空间足够大）。

2. $c \geq 5m$，种植小、中、大乔木，建筑西侧大乔木效果最好，间距最小为5m。

3. $d \leq 5m$，乔木位于主体建筑的东南和西南方向，除非距离建筑很近，否则不但会夏季在建筑上没有落影，还会遮挡冬季日照。

4. $2m \leq e \leq 3m$，种植中、小乔木，种植的大乔木间距必须在15m以上，否则会遮挡主体建筑冬季日照。

5. f 数值根据实际情况确定。

6. $i \geq 2m$，种植小乔木，满足院落及厢房遮阴的同时满足冬季日照。

7. $g \geq 4.5m$，院落南北两侧均无种植；$g \geq 7m$，院落北侧无种植；$g \geq 11m$，院落北侧与院落南侧对称的种植地块，满足4m的道路交通。

8. $h \geq 18.5m$，可种植大乔木，$14.5m \leq h \leq 18.5m$，可种植中乔木；$12.5m \leq h \leq 14.5m$，可种植小乔木。满足7m的道路交通。

9. $J \geq 15m$，西侧可种植大乔木。

10. 以上技术指标均以主体建筑为参考，院落、扩大院落和组团种植均可根据院内建筑组合形式进行变通。

图7-9　植物与民居协同营造体系二

模式一：主体建筑西侧种植大乔木

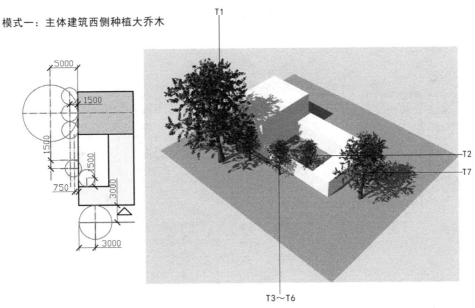

遮阴乔木的大小：大乔木T1，中乔木T7，小乔木T2 ～T6，T2和T6大小满足主体建筑冬季日照。

种类选择：参考表7-1，若考虑经济价值观则参考3.3.1节。若考虑文化价值观，T2、T6、T7植物
　　　　　种类的选择参考表3-4。

植物布置：T1和T3～T5欲为住宅建筑遮挡更多阳光，以建筑中线位置为首选，如果街巷空间足够大，
　　　　　可同时配置中乔木或小乔木及低矮植物。如果院墙足够高，T6可根据实际情况选择去留。

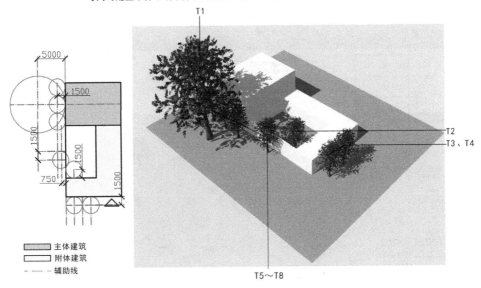

遮阴乔木的大小：大乔木T1，小乔木T2～T8，T2和T8大小满足主体建筑冬季日照。

种类选择：参考表7-1，若考虑经济价值观则参考3.3.1节。若考虑文化价值观，T2～T5植物种类的
　　　　　选择参考表3-4。

植物布置：T1和T5～T7欲为住宅建筑遮挡更多阳光，以建筑中线位置为首选，如果街巷空间足够大，
　　　　　可同时配置中乔木或小乔木及低矮植物。如果院墙足够高，T5和T6可根据实际情况选择去
　　　　　留。且T3和T4的位置可根据院落入口的位置适当调整，体现文化意义。

图7-10　三分地院落单体遮阴树种植模式一（植物阴影为夏至日16：00的阴影）

模式二：主体建筑西侧种植中乔木

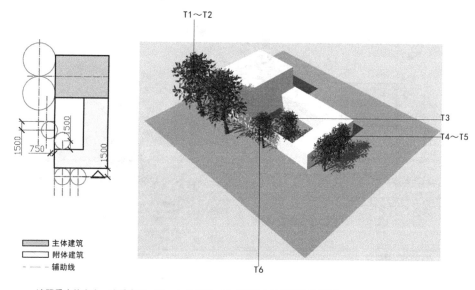

遮阴乔木的大小：中乔木T1~T2、T4，小乔木T3、T5(满足主体建筑冬季日照)。

种类选择：参考表7-1，若考虑经济价值观则参考3.3.1节。若考虑文化价值观，T3、T4和T5植物种
类的选择参考表3-4。

植物布置：T1~T2欲为住宅建筑遮挡更多阳光，以建筑中线位置为首选，如果街巷空间足够大，
T1~T2可同时配置低矮植物。如果院墙足够高，T5可根据实际情况选择去留。

主体建筑
附体建筑
辅助线

遮阴乔木的大小：中乔木T1~T2，小乔木T3~T6(满足主体建筑冬季日照)。

种类选择：参考表7-1，若考虑经济价值观则参考3.3.1节。若考虑文化价值观，T3、T4~T6植物种
类的选择参考表3-4。

植物布置：T1~T2欲为住宅建筑遮挡更多阳光，以建筑中线位置为首选，如果街巷空间足够大，
T1~T2可同时配置低矮植物。如果院墙足够高，T6可根据实际情况选择去留。且T4和T5
的位置可根据院落入口的位置适当调整，体现文化意义。

图7-11 三分地院落单体遮阴树种植模式二（植物阴影为夏至日16：00的阴影）

模式三：主体建筑西侧种植小乔木

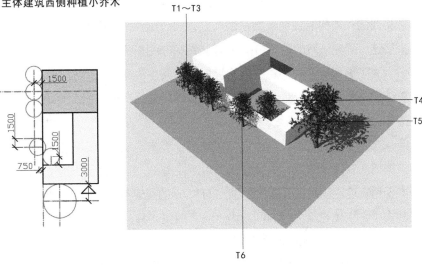

遮阴乔木的大小：中乔木T5，小乔木T1～T4、T6。

种类选择：参考表7-1，若考虑经济价值观，则尽量选择经济类树种。若考虑文化价值观，T4、
　　　　　T5和T6植物种类的选择参考表3-4。

植物布置：T1～T3欲为住宅建筑遮挡更多阳光，以建筑中线位置为首选，如果院墙足够高，T6
　　　　　可根据实际情况选择去留。

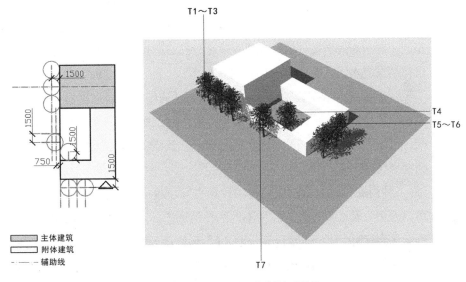

主体建筑
附体建筑
辅助线

遮阴乔木的大小：小乔木T1～T7。T4～T7大小满足主体建筑冬季日照。

种类选择：参考表7-1，若考虑经济价值观则参考3.3.1节。若考虑文化价值观，T4、T5～T7植物
　　　　　种类的选择参考表3-4。

植物布置：T1～T3欲为住宅建筑遮挡更多阳光，以建筑中线位置为首选，如果院墙足够高，T7
　　　　　可根据实际情况选择去留。且T5和T6的位置可根据院落入口的位置适当调整，体现文
　　　　　化意义。

图7-12　三分地院落单体遮阴树种植模式三（植物阴影为夏至日16：00的阴影）

当入户门在东西两侧时，主体建筑东西两侧的院落与南向入户的院落相同，只是将西侧和南侧的辅助植物稍做调整，而西侧种植大乔木、南侧种植中乔木时的效果最佳。研究区域的院落由南北向和东西向联排两种形式构成组团。

为了更好地理解构建的植物民居生态共生协同营造体系，本研究以效果最佳的单体院落形式为例，通过南北联排和东西联排组合成组团，再组合成村落。依据营造体系，其存在两种形式（图7-13、图7-14）。在图7-13的形式中，开门方向为南向，东西道路为生活性道路，除了种植中乔木的空间外，需要满足4m的交通空间。根据前面叙述的依据，这种模式的生活性道路，即村落次干道宽度应至少为7.75m，主干道宽度应满足大乔木的种植空间和7m的交通空间，即至少18.5m。在图7-14的形式中，主体建筑之间的间距为20m，西侧可种植大乔木，满足冬季日照需求。若小于15m，则东西侧都不能种植大乔木。

上述体系中的种植指标仅仅是满足了植物与民居生态共生的需求，即达到了生态介入建筑空间的效果。作为居民生活的外部空间环境，也同时需要一定的艺术效果，也就是说，居民也需要漂亮的外部空间。因此，生态和艺术应同时介入空间，根据实际情况，可以营造出丰富的植物配置模式，并且发挥植物的美学功能，根据季相和色相选择不同种类的植物。

但是，毕竟是民居环境，需要考虑第3章讨论的民居种植习惯，结合居民的真正需求，选择恰当的种植种类。所以，最好的办法是，生活性道路乔木下面的种植空间，提倡居民自发种植形成景观效果，打造满足居住、生态、艺术优化的舒适的可持续发展人居环境（图7-13、图7-14）。

综上所述，依据模拟结果，可总结出适应地区民居发展趋势的植物与民居生态共生协同营造体系，体系中无论单体院落的入户形式如何，受街道空间大小的影响，可包含3种模式、6种形式和12种组合。具体哪种形式比较合适，需要结合实际情况来判断。

3种模式：因为西侧遮阴树的种植在环境价值观方面的补充更加重要，所以，可以西侧为基准点，形成几种不同的种植形式。这3种种植形式根据院落纵向长度的变化会有所变化，本章以三分地"L"形院落为例来介绍（图7-10～图7-12）。

乡村院落住宅的种植设计，由于院落空间尺度较小，因而院落旁种植空间显得更加珍贵。所以，为满足院落环境最基本的需求，应尽量种植单棵遮阴树，以便遮阴树下面可供居民自主种植（图7-15）。因此，不是植物配置的结构层次越丰富越好，而是需要满足特殊的需求。另外，遮阴乔木选择行列种植的形式，是受种植用地的限制，也是比较节约成本的做法。

6种形式：3种模式中每种院落模式都包括两种种植形式。若实际院落纵向长度不满足中乔木的种植形式，将会有1种种植模式；若满足可种植大乔木的间距，就

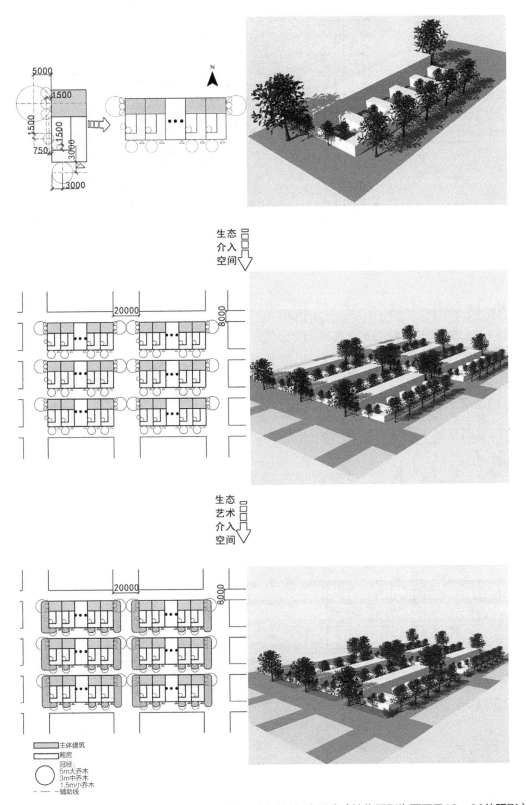

图7-13　体系一：三分地院落单体到组团的遮阴树种植组合形式（植物阴影为夏至日16：00的阴影）

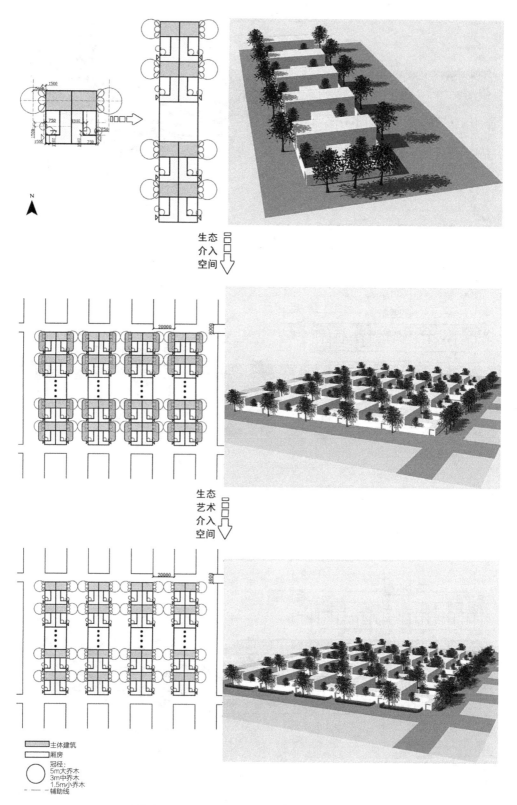

图7-14 体系二：三分地院落单体到组团的遮阴树种植组合形式（植物阴影为夏至日16：00的阴影）

有3种种植模式。这样就会出现3种或9种形式。

12种组合：6种院落种植形式都包含各自东西联排和南北并联两种组合。同样，按实际院落空间判断，也有6种或18种组合形式的可能。

所以，在体系构建时主要参考的是遮阴树种植的空间范围。

以上体系适应范围有两个方面，对于已建成的村落，即院落空间大小及村落空间已经形成，不一定满足最佳的营造体系，可以退其次；对于今后需重新统一规划的村落，从植物与民居生态共生的角度，因为宅基地大小各地区有不同的规范限

图7-15 街巷空间居民自主种植的现状

制，因此建议满足最佳效果的村落空间形态，即街巷尺度，也就是主干道建筑边界之间的距离至少为18.5m，次干道建筑边界之间的距离至少为11m。

总之，从民居角度出发，可得出适合地区民居发展趋势的植物种植形式。反过来，也可从植物种植的角度出发，为了达到植物与民居生态共生的最佳效果，可得出地区最佳的村落空间形态。本章总结的满足植物与民居生态共生的协同营造体系，不仅适合已建成的村落，更适合有前期规划的村落。

7.4 黄土高原"植物—民居"协同营造方法

7.4.1 先"民居"后"植物"类型

在进行种植方案设计时，若与本研究所讨论的院落形式或组合模式相似，空间形式与空间形态基本相仿，可直接参考或套用7.2.2节得到的独立院落和组合院落优化布局模式（表7-3、表7-4）。若空间环境不满足优化布局的条件，可退其次，根据第4章模拟的结果，适当变换植物配置，达到次于最佳程度优化。同时，应根据院落的功能，选择合适的布局模式与类型，综合考虑舒适性、高效性及适应性目标，权衡文化、经济及社会综合效益，选择最适用的植物布局方案。

7.4.2 植物与民居"一体化"设计类型

在进行"一体化"方案设计时，若与本研究所讨论的"植物—民居"协同营造体系形式或组合模式相似，空间形式与空间形态基本相仿，可直接参考或套用7.3.3节得到的适应乡村发展趋势的集中式院落协同营造体系。若院落的组合方式及布局方式有所不同，可根据7.3.2节体系构建的依据重新构建新体系。同时，应根据院落的功能，选择合适的布局形式及组合形式，综合考虑舒适性、高效性及适应性目标，兼顾共生关系的可实现性、拓展性和集成性，并权衡文化、经济及社会综合效益，选择最适用的植物与民居"一体化"设计方案。

7.5 实践应用

本研究的实践案例选择了陕西省咸阳市周陵镇大石头村，选择大石头村作为本研究典型案例的原因是此村落具备以下几个特点。

（1）大石头村是近10年内乡村城镇化背景下的产物

大石头村在2010年因咸阳国际机场二期扩建而实施搬迁，在规划建设中，其着力探索的是适应新时代背景的乡村发展模式，以抓住城镇化未来的转型契机。所以，对于本研究探索的适应民居发展趋势的植物与民居协同营造体系的实践具有代表性。

（2）大石头村特殊的区位和聚落特征

大石头村毗邻咸阳国际机场，处在城市边缘的防护绿带内，其地理位置、交通条件、气候区位以及悠久的历史和浓厚的文化底蕴，影响了其聚落特征的形成。所以，对于植物与民居生态共生具有较全面的影响因素，有利于本研究结论的实践验证。

（3）大石头村的空间结构及布局模式具有典型性

大石头村院落属于院落组合后东西临路的常见村落布局模式，而且在规划设计中，大石头村采取了"方院+宅旁农田"的居住单元，这为植物的种植提供了良好的契机，有利于探讨植物与民居共生的多种模式。

7.5.1 大石头村区位

1. 地理区位

大石头村位于咸阳塬之上，是城镇化进程中分布在大都市郊区大生态绿地中的传统乡村聚落。2010年，咸阳渭城区大石头村因处在咸阳国际机场二期扩建范围内而实施搬迁，新村建设用地选址于老村东南，仍处于机场东南侧村域范围内，距西安市35km。

2. 交通区位

大石头村周边交通便利，原208省道、四号公路，以及在建的机场南环路、沣泾大道均紧依村庄环绕而过。机场专用高速、福银高速与西安、咸阳保持紧密联系，另外，正在实施的沣泾大道、南环路将这一区域与西咸新区规划中的空港新城、秦汉新城、沣东新城、沣西新城紧密联系。

3. 植被区位

黄土高原植被划分为 3个一级区、5个二级区和11个三级区。其中，第一级分区叫地区，以植被反映的生物气候为依据，分为森林、草原和荒漠3个地区。第二级分区叫亚区，从宏观上反映了黄土高原从东南向西北的水热气候和绿化树种类型的分布。第三级分区叫区，主要根据地区的地形地貌、干湿分区、相应的植物群系组合和区域界限分为11个区（见第2章）。大石头村位于 I$_{A-1}$汾渭盆地豫西民居绿化区，植物区系和植被类型的复杂性和多样性也很明显。在这样的环境下，本区民居绿化树种不仅种类丰富，更重要的是有大量经济价值较高的树种正好符合居民的经济需求，如关中的柿树、板栗及秦岭北麓的香椿、猕猴桃、泡桐、楸树、梓树等。

165

4. 气候区位

I_{A-1}汾渭盆地豫西民居绿化区年降水量500~700mm，干燥度1.3~1.5，年平均气温12.5~14.5℃，大于等于10℃积温4000~4900℃。它是全区最温暖、湿润的地区。大石头村位于泾河与渭河之间的咸阳塬上，为陕西常见的湿陷性黄土地质，降雨量比西安市少，气候温和，属于暖温带干旱大陆性季风气候，四季分明，春季温暖而少雨，夏季酷热而伏旱。

5. 历史文化区位

大石头村所处的周陵镇历史文化积淀丰富，"文王演八卦，武王平天下"的历史故事在民间广为传颂，周文化"笃仁、敬老、慈少、礼贤下者"的风尚，在周陵镇甚为盛行。辖区内文物旅游资源丰富，周、秦、汉、唐等8个朝代的文物遗迹遍布全镇，有古墓葬、古遗址120余处，素有"天然历史博物馆"和"东方金字塔群"的美称。村落处于周陵镇，与周陵的关系密切，据县志记载，大石头村从明朝就开始形成，由原周陵守陵村的一部分后人聚居形成，地处周汉陵墓带上，早年的守灵、祭祀文化至今犹存。在村落3km范围内分布着许多陵墓，周文王、周武王的陵墓以及姜子牙墓均在其中。村落离咸阳塬的汉朝陵墓带也不远，是一个文化资源比较丰富的地区，同时也是关中黄土台塬上众多传统村落之一，有着浓厚的关中村落风俗民情和民间艺术底蕴。

综上所述，可以总结出大石头村具有以下特点。

（1）它是大都市边缘区内的一个村子。城市边缘区是城市的重要组成部分，其土地利用从属于城市总体发展的需要，边缘区范围内的地域空间将是规划期内城市用地扩展直接涉及和城市最为活跃的区域。从地域空间功能来看，这里已经不再是要单一地发展第一产业，而是要更多地担负着直接为城市发展服务的各项功能，如生产功能、服务功能、缓冲功能等。所以，村子的产业结构将由原来单一的第一产业逐渐向第二、三产业转型，如农副产品批量生产、加工、销售及乡村旅游等。

（2）它是大型国际机场旁的一个村子。村子紧临咸阳国际机场，隶属于空港新区服务范围，外来人口流动量大，住宿和饮食服务需求量高，特别适合发展农家乐，为机场流动和候机人员提供优质的生活服务。

（3）它是黄土台塬上一个具有关中传统特色的村子。它地处关中黄土台塬上的咸阳台塬，也是关中黄土台塬上众多传统村落之一，有着浓厚的关中村落风俗民情和民间艺术底蕴。居住聚落不仅保持着关中传统院落的风貌，还保存着春节社火、元宵灯会、关中庙会、清明荡秋千、端午戴香包等特色风俗习惯。另外，还有皮影、剪纸、刺绣、火烙画、木雕、玉雕、捏花馍、黑陶制作等璀璨的民间艺术。这些都是大石头村可贵的非物质文化精髓，也是最具有本土性和特色的元素。

（4）它是大型周汉陵墓带旁的一个村子。早年的守灵、祭祀文化至今在村落中犹存。

（5）它是大西安旅游西环线上的一个村子。村子紧临咸阳国际机场，也是西安七大旅游线路的起点。站在国际角度上来讲，村子是国际游客通往东线兵马俑的必经之路；从陕西省范围来讲，村子是通往黄陵、壶口西环线的必经之地；从西安市辖区范围来讲，村子是周汉陵墓带旁的重要停留点，也是都市近郊最有乡野特色的传统村落之一。不论是从服务职能还是自身资源条件来讲，都有条件也有必要充分发掘自身的旅游潜能，把其建设为一个集服务、观赏、感知、体验于一体的休闲旅游村。

7.5.2 大石头村聚落特征

1. 形态特征

大石头村位于咸阳塬之上，在黄土塬的台塬地带，土地较为完整、平坦，所以聚落为集居型。

2. 文化特征

如前所述，大石头村保存着各种关中特色风俗习惯和非物质文化精髓，是大型周汉陵墓带旁的一个村子，早年的守灵、祭祀文化至今犹存。

3. 大石头村经济特征

大石头村经济以农业为主。周陵街道党工委、办事处审时度势，以"产业兴村、旅游富民"的发展思路，全力打造大石头关中民俗度假村，着力发展乡村旅游。

大石头新村建筑风格是典型的关中民俗建筑风格，村内修建有蓝瓦斜屋顶、防水保温墙体、清洁太阳能、抗震设防烈度8度的关中民俗特色民居；仿古石雕大门、天外飞石奇观、关中民俗展览馆、村标和路标等基础设施全部到位；幼儿园、心理咨询室、活动场地、健身广场、农家书屋等配套设施一应俱全；自来水、排水管网科学完善；有线电视、宽带及亮化、美化、绿化全覆盖，最大限度实现了住房、就业、医疗、教育、养老、文化、生活等方面的城乡一体化统筹。

村内成立了产业协会，发动有条件的农户提供农家观光、餐饮和住宿等休闲、旅游、接待服务。游人在这里不仅可以品尝具有乡村风味的农家饭，还可以领略浓郁的乡村风景文化。三秦风味的传统小吃、关中风情的家庭旅馆、悠闲清净的乡风环境，使大石头关中民俗度假村逐步成为市民休闲娱乐、旅游观光、民俗体验的好去处。

大石头村2012年被省旅游局评为"省级乡村旅游示范村"；2013年先后被评为咸阳市旅游示范村、陕西省关中民俗度假村、全国节能环保示范村，并荣获国家3A乡村旅游景区荣誉称号；2013年获得"咸阳市基层应急管理示范点"称号，村委会、步行街广场被定为应急避险点。

全村共6个村民小组，364户，1271人，外出务工人数大约占总人数的10%，现

167

每户月收入2万余元；现有小学1所，适龄儿童入学率达100%。

4. 大石头村的生态特征

大石头村毗邻咸阳国际机场，处在城市边缘的防护绿带内，其规划整体背景站在了现代大都市总体格局下，着力发挥乡村特色，走了互补城市发展的道路。因此在大石头新村建设中，为适应新时代背景下的乡村发展模式，应以现有建构事实及乡村建造工艺水平为基底，鼓励村民参与更新原有的模式，推动新民居模式的发展。目前，居住形态顺应了集约化、规模化的农村居住社区发展方向，建筑材料的更替也推动了建筑结构与风格的变化，但现代建筑材料的使用，使现代建筑相对传统民居的节能优势消失。

7.5.3 大石头村院落空间环境

1. 建设用地及建筑形式

村子整体空间形态由三个层次结构组合而成。

（1）"户"–"组"的组团结构

每户约为2.5分地的宅基地，户前设置了约54m²的户前生产绿地，宅基地加生产用地构成模块"户"，由8~10户组成模块"组"，由一条5m宽的南北向生活性道路串联，户的出入口方向为东西向（图7-16）。

（2）"组"–"簇"的村落结构

以2~3组为一簇，由东西向7m宽的村级交通性道路将其串联，形成"鱼骨式"排列结构。

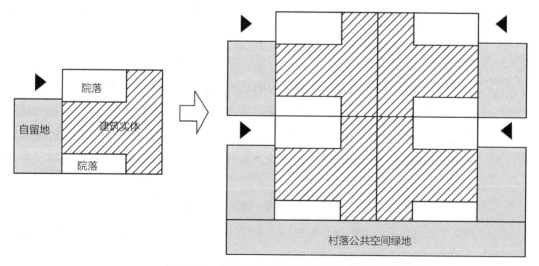

图7-16 大石头村由"户"到"组"的单元模式图

（3）"一心、一轴、九簇"格局

村庄建筑布局呈"鱼骨式"排列，以中间公共绿地作为生产核心、公共绿化带作为主轴，通过道路系统有机地将建筑群落联系在一起。单元入口方向为东西向，形成"一心、一轴、九簇"的总体规划格局。

综上所述，大石头村以中心指令承包型农业用地为轴，道路交通为纽带，"鱼骨式"排列了九簇生活组团，每簇内以四户为一个基本的空间组合单元，形成院落式布局，成为村民基层生活空间。

2. 院落及建筑形式

大石头村民居院落用地约2.5分，即12.9m×12.45m，民居建筑以局部两层的坡屋顶建筑为主，部分平屋顶是二楼的活动平台，少数院落建筑为一层。院落空间模式有三种类型（图7-17），分前后院，但是院落空间都很小，最宽处为4.2m，基本没有种植遮阴树的空间，为了生活及排水方便，院落的地面为硬质（混凝土不透水）形式。有许多居民还将窄小的院落空间加了顶，改成了半室内空间。这样，院落种植空间几乎消失。

3. 种植现状

村落植被丰富，除了现有耕地上的农作物及果树外，保留了许多乔灌木，其中以泡桐和柿树为主要树种，并分布于原道路两侧及院落之中，涝池部分的树木树龄及数量、长势都比其他部分要好。新村绿化景观分布于村道和生活道路两侧，以及主要空间节点和入户节点，行道树主要有女贞、紫叶李、黄杨、松树、国槐等。宅前自留地除种植了一些常见的蔬菜和农作物外，有些家庭还种植了多年生的核桃、葡萄及一些观花灌木（图7-18）。

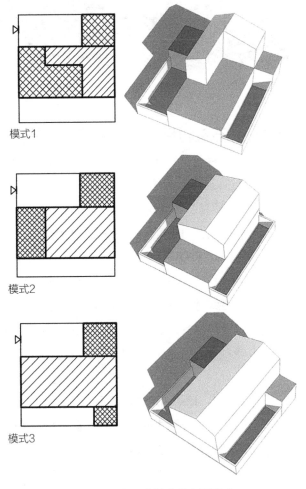

模式1

模式2

模式3

图7-17 大石头村院落空间模式

图7-18　宅前自留地植物种植现状

7.5.4　大石头村民居环境种植优化策略

受村落空间形态的影响，村落的主要道路为东西向，生活道路为南北向，导致院落布局由户与户南北相接的形式构成。这样，每户住宅暴露的外墙便是东墙或西墙，即住宅的东墙或西墙与院墙一起构成生活道路空间的边界。只有处于院落单元两端的住户才有暴露的南墙或北墙。

由于2.5分地的住宅院落空间过小，再加上一部分院落已经被改造成了半室内空间，所以，单个院落已经不适合种植遮阴树。在这种情况下，扩大院落，即门前生产性绿地内的遮阴树种植对于建筑能源消耗的干扰将起到重要作用。植物与建筑的共生模式受建筑形式和院落空间环境及街巷空间的影响，可实现的模式基本上有建筑墙体绿化和周边环境绿化两种。由于建筑已经设计完成，因此在植物与建筑的关系处理上需要重点考虑遮阴树的定位及植物物种的选择。

1. 遮阴树定位与选择

（1）民居建筑东西两侧遮阴树的定位与选择

大石头村的院落布局形式符合植物与民居协同营造体系中的形式二，院落的东西两侧种植遮阴乔木，为主体建筑和院落遮阴，同时组团之间要注意前后邻居之间东西两侧树木种植对冬季日照的影响。大石头村院落南北向宽度为12.9m，满足中、小乔木的种植条件；每户东西两侧的自留地宽度为6m，从效果最佳角度选，可以满足中乔木的种植条件。所以，大石头村次干道两侧的种植选择为中乔木（图7-19），配合中乔木还可以种植小乔木和灌木。但是，乡村用地珍贵，中乔木下面是每户居民的自留地。

（2）民居建筑南北两侧遮阴树的定位与选择

大石头村民居院落由于是南北相接的布局形式，所以每个组团的南墙和北墙都面向村落7m宽的主要交通道路。这种情况下，植物的种植空间就是村落的道路空间，南墙外的遮阴树种植可以与道路行道树种植紧密结合，在为建筑遮阴的同时，也可以形成良好的村落街道环境。

由于绿化空间处于村落公共空间内，不会影响院落居民的活动，所以，南向植物种植可以满足距离建筑最近的要求（小乔木1.5m、中乔木3m和大乔木5m），植物有为建筑遮阴的条件。但是，这个距离的种植会影响主体建筑冬季的日照，因此需要远离建筑，因为南侧街巷种植间距为4m，满足了小乔木的种植间距。

大石头村除中轴线外的主干道两侧种植选择小乔木，在满足生态需求的同时，也要提升艺术效果，需要考虑植物的季相和色相。由于夏季建筑南向太阳高度角较高，除非植物离建筑很近，否则很难在建筑南墙上形成阴影。所以，在树木未成熟前，可以采取遮阴树与墙体绿化相结合的方式。南墙外不需要留出人活动使用的空间，这样牵引式和附壁式墙体绿化都可选择，但附壁式墙体绿化需要引导和控制，不能遮挡南向窗户。

建筑北墙外的绿化空间宽度在4m左右，北向遮阴树可以通过在夏季时对下垫面反射的遮挡、蒸发冷却和防风效应来促进节能。由于4m的宽度不足以种植密集的防风林，所以，北向种植还是要结合道路绿化美化的需求，在满足与建筑安全距离的情况下选择地区常用的小乔木。其种植方式与南向对称。村落中轴线上的主干道两侧种植宽度应考虑建筑冬季的日照，满足中乔木的种植，种植方式和形式与两侧主干道的思路一致，再加上建筑本体绿化及周边低矮植物种植（图7-20~图7-22）。

2. 低矮植物的区域确定及种类选择

大石头村民居建筑高度均为两层，因此这里的低矮植物高度即定为低于7m。第4章讨论的建筑对植物日照的影响主要是在建筑北侧，对于模拟的两层建筑，在建筑北侧3m范围内如果种植低矮植物，则需要选择耐阴植物，因为此区域虽然夏季日照影响不大，但是在冬季有很长一段时间日照不足。在大石头村，建筑的北侧区域还是存在于村落空间中，通过对部分典型组团模拟的日照分析结果可知耐阴低矮植物的种植区域，虽然建筑为两层，但是坡屋顶形式使建筑高度发生了变化，所以，大石头村建筑北侧日照不足的区域距离为建筑北侧6m范围内。

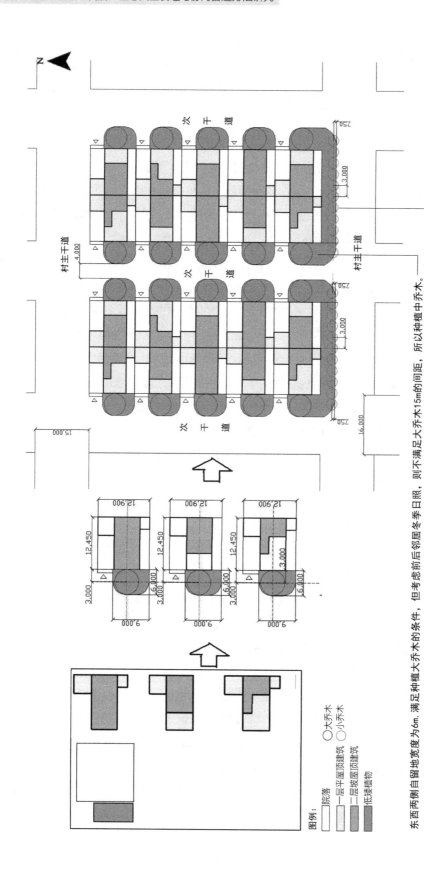

图7-19 大石头村典型单元遮阴树种植形式

东西两侧自留地宽度为6m,满足种植大乔木的条件,但考虑前后邻居冬季日照,则不满足大乔木15m的间距,所以种植中乔木。种植位置取主体建筑的中线位置,次干道宽度为4m,两侧中乔木间的距离为5.5m,满足乔木间距5~8m的规范要求。

建筑南侧种植地块宽度为4m,种植乔木距离道路外缘0.75m,即乔木中心距建筑主体部分的间距为4-0.75+2.4=5.65m,为满足主体建筑冬季日照需求,其南侧4.5m外可种植小乔木。

图例:
院落
一层平屋顶建筑
二层坡屋顶建筑
低矮植物
○大乔木 ○小乔木

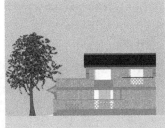

单体院落南立面图

扩大院落范围遮阴树种植在民居建筑西墙上16:00的遮阴效果

扩大院落范围内遮阴树种植的生态"溢出"效益不明显（受植物大小和街巷宽度的限制，对相邻单元的民居建筑没有遮阴功能，仅对街巷空间有一定的遮阴）

组团整体效果图

图7-20 大石头村典型单元遮阴树遮阴效果分析

图7-21　大石头村与建筑单元整体共生的植物种植设计

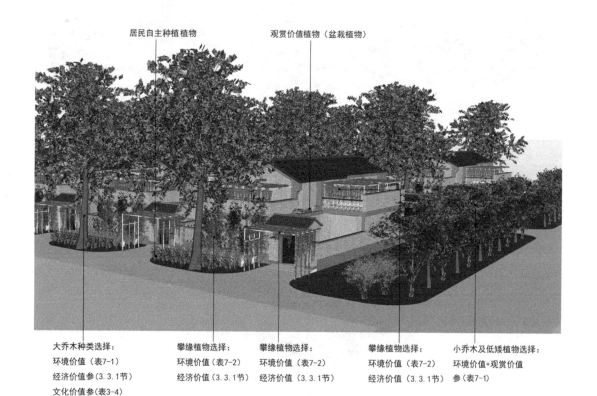

图7-22　大石头村与建筑单元整体共生的植物种类选择

7.6　小结

1.　本章从植物对院落和住宅影响的角度，讨论了在民居院落中植物的营造策略

（1）院落：南向院落，近距离种植，为建筑遮阴，根据建筑高度可种植中乔木或大乔木，与建筑的间距分别是3m和5m；远距离种植，需满足建筑冬季日照的要求，小乔木、中乔木和大乔木与建筑的间距分别是大于4.5m、大于7m和大于15m。

（2）扩大院落：如果有足够的种植空间，则不限制植物种植的数量，种植方式根据地块及建筑方向来定。第一棵树位于建筑的西部或东部，且位于中轴线上或与中轴线相切（根据树木大小确定），然后将第二棵树放置在离第一棵树最小的距离，且要避免树冠重叠的位置，否则将会减少每棵树的遮阴效益。

（3）院落组团：植物种植都会产生"溢出"效益。

（4）建筑本体：绿色墙体，绿化外墙的直接系统和间接系统的结构、支撑材料及植物的选择需结合地区民居的实际情况进行选择。绿化屋顶，粗放式和容器式绿化屋顶是地区可以用的屋顶绿化形式。容器和结构系统可选择本地区经济的乡土材料。

2.　协调院落空间植物与建筑、院落之间的关系，发挥植物与建筑、院落的协同作用，以舒适性、高效性、适应性为目标，以第4章模拟结论为依据，筛选了优化的24种院落空间植物布局模式

3.　依据第4章模拟的结论及相关的规范和政策，构建了适应地区民居发展趋势的满足植物与民居生态共生的协同营造体系

乡村院落住宅的种植设计，由于院落空间尺度较小，住宅旁种植空间反而更加珍贵，故应满足院落的环境功能这一最基本的需求，尽量种植单棵遮阴树，以便遮阴树下面可供居民自主种植。所以，在进行乡村民居院落环境种植设计时，不是配置的结构层次越丰富越好，而是需要满足居民特殊的需求。另外，遮阴乔木选择行列种植的形式，是受种植用地限制，这样种植其实是比较节约成本的做法。因此，在体系构建时主要参考的是遮阴树种植的空间范围。本章总结的满足植物与民居生态共生的协同营造体系，不仅适合已建成的村落，更适合有前期规划的村落。

4.　以营造策略、优化布局模式及协同营造体系的构建为基础，总结了先"民居"后"植物"类型和植物与民居"一体化"设计的协同营造方法

（1）先"民居"后"植物"类型

在进行种植方案设计时，若与本研究所讨论的院落形式或组合模式相似，空间形式与空间形态基本相仿，则可直接参考或套用7.2.2节得到的独立式院落和组合式院落优化布局模式。若空间环境不满足优化布局的条件，可退其次，根据第4章模拟的结果，适当变换植物配置，可达到次级优化的程度。同时，应根据院落的功能，选择合适的布局模式类型，综合考虑舒适性、高效性及适应性目标，权衡文化、经济和社会综合效益，选择最适用的植物布局方案。

（2）植物与民居"一体化"设计

在进行"一体化"方案设计时，若与本研究所讨论的"植物—民居"协同营造体系形式或组合模式相似，空间形式与空间形态基本相仿，则可直接参考或套用7.3.3节得到的适应乡村发展趋势的集中式院落协同营造体系。若院落的组合方式及布局方式有所不同，可根据7.3.2节体系构建的依据重新构建新体系。同时，根据院落的功能，可选择合适的布局形式及组合形式，综合考虑舒适性、高效性及适应性目标，兼顾共生关系的可实现性、拓展性和集成性，并权衡文化、经济和社会综合效益，选择最适用的植物与民居"一体化"设计方案。

5. 本章将关中的典型村落大石头村作为研究案例，对研究成果进行了验证。由此得出以下几点结论：

（1）本研究总结的植物与建筑生态共生机理与协同营造方法，具有全面推广应用的可行性和必要性；

（2）本研究模拟的植物与建筑共生效益的科学指标，对于植物在建筑环境中的种植模式具有重要的指导意义；

（3）本研究的模拟方法不变，对于模拟指标因子中的气候和地理位置两个因子进行变化，可以得出不同气候区或不同地理位置的植物与民居或植物与低层建筑的共生要点。所以，研究总结的植物与建筑的共生模式与技术具有在更广阔范围推广的可能性。

8

结语

　　我国正逐步推进新型城镇化建设的进程，城乡发展正努力实现经济转型升级，"以工促农，以城带乡"的反哺力量正逐步深入广大农村区域。新时期的农村发展，机遇与挑战并存，对我国实现经济社会进步意义重大。

　　黄土高原地区因其地理位置、特殊的地貌特征和气候，可持续发展综合能力较低，自然生态基础薄弱，生态环境问题突出，成为我国生态脆弱的典型地区，不同程度地面临着自然灾害频发、生态系统失调、社会经济落后等严重问题。并且随着人口的不断增长，各类资源的开发利用已经达到甚至超过了承受极限。在这样脆弱的生态环境下，面对乡村建设中出现的问题，人们应该如何适应并改造脆弱的自然生态环境，协调资源、环境与发展之间的突出矛盾，建立地区可持续发展的人居环境，是如今面临的一个重大难题，也是生活在这片土地上的农民在农村发展过程中无法回避的根本问题之一。

　　基于此，本书针对我国推进新型城镇化及美丽乡村建设过程中出现的一系列问题，立足于黄土高原地区乡村发展的典型问题，重点围绕植物对于改善民居夏季室内外环境微气候热舒适性的问题，以及民居院落植物生长条件的适应性问题，探索了植物与民居的生态共生机理与协同营造方法，能够为民居的种植设计及植物与民居"一体化"设计提供科学的指导，对营造微气候条件改善的民居室内外舒适环境，实现经济节能与健康舒适双赢的可持续发展目标具有现实意义。

　　本书在现场调研和分类梳理的基础上，对黄土高原民居绿化植物进行了区划与选择，研究了民居院落的种植习惯及其形成的影响因素，深入分析了黄土高原地区的自然条件和民居院落种植的资源与现状。在黄土高原生物气候区划的基础上，参考已有植被和气候的区划研究，针对民居绿化特点，考虑树种对水、热条件的生态适应，结合地区民居文化、社会经济特征、居民的基本需求，综合考虑物种的生态特性、经济价值及美学特性，对民居常见植物进行区划与物种选择，并对黄土高原东南部典型研究区域三个亚区的民居绿化常用植物使用频度进行了分析。之后进一步归纳总结了黄土高原典型研究区域民居院落的种植习惯，分析了其形成的典型影响因素。

本书利用现场实测和软件模拟相结合的方法，确定植物与民居生态共生机理；结合地区民居发展现状，利用现场实测和ENVI-met 3.1分析软件相结合的方法，围绕院落空间植物的覆盖率、植物分布及植物类型选择的变化对院落空间温度、相对湿度及PMV的影响进行了详细的探讨与分析，确定了地区民居院落植物的最佳种植模式（相对建筑的位置、植物种植的规模、植物类型的选择等），以最大化植物在院落空间的生态效益，并确定了黄土高原民居建筑气候适应性的植物遮阳策略。同时，利用软件模拟和阳光尺规等高线法，基于黄土高原典型植物的生长习性及院落空间主要生态因子（日照、温度和水分）的变化规律，研究了黄土高原院落植物适应性支撑技术，并探讨了院落雨水收集与利用的主要模式。

综合上述研究，本书针对黄土高原典型研究区域的气候特征、民居发展现状、经济条件等因素，探讨了适合黄土高原地区乡村经济节能与健康舒适双赢的"植物—民居"生态共生模式，提出了黄土高原民居院落优化布局模式。针对未来民居的发展趋势，依据前期模拟结论及优化布局模式，以常见的南侧和东西临路的院落组合方式为例，构建了满足植物与民居生态共生的协同营造体系，提出了黄土高原"植物—民居"协同营造方法。

本书研究成果的创新性集中体现在以下几方面。

（1）以水、热因素的地域分异规律为依据，以地区整体植被景观为参照，以局部环境背景为基础，遵循满足各区域民居文化及居民需求的原则，对黄土高原民居绿化植物进行了区划与选择。

民居绿化植物的区划与选择是一项重要的基础性科研工作，它不仅关系村落空间环境的建设，也关系对地区脆弱生态环境的改善。这项工作可以为地区民居绿化植物的选择和配置提供科学依据，为地区植物与民居生态共生关系、院落的生态微环境研究提供重要的基础资料，从而推动人居环境的可持续发展，同时其也可为我国西部人居环境建设提供资料参考，具有一定的科学意义和应用价值。

（2）依据地区的气候条件及地理位置，结合一天及四季太阳的变化规律，利用计算机软件对植物与民居生态共生机理进行模拟分析。

1）利用Ecotect软件量化分析遮阴树对建筑的遮阴效果，确定遮阴树在民居建筑环境中的科学种植方法及类型选择。

建筑周边环境中植物的应用对于建筑节能影响的研究中最基本的问题就是，不同的植物配置模式和分布方式对建筑能耗的影响效果无法量化，所以本书才会只停留在对建筑本体绿化的研究阶段，从而使建筑周围环境的绿化形式限于满足为建筑简单遮阳和防风的要求，并没有得出在微气候条件不变的情况下，可以达到优化的目的的绿化方式。

尽管植物影响建筑能源使用的研究在过去20年来已取得一定成果，如一些研究表明了植物对于不同气候下的室外小气候存在影响；一些研究也监测了植物在室内热湿环境和节约能源上的定量影响。但模拟分析仍然比较缺乏，因为模拟微气候和特定植被对建筑物的影响比较困难。模拟分析需要结合建筑的结构和朝向、植物的特征和位置以及变化的太阳位置和气候。

本书研究讨论得出：树种的形式和位置是树阴提供的关键因素，阴影不仅受树的形态和位置的影响，而且也受日照、季节和纬度变化的影响。在给定地理位置中的日照、季节性模式及树木的放置会影响遮阴面积和持续时间。在本研究中，使用Ecotect软件进行模拟，量化分析了单棵树对一个典型的住宅建筑在黄土高原半湿润区三个区域形成的树阴情况，确定了地区民居遮阴树的最佳种植模式，进一步优化了植物阴影的生态效益，从而最大化了植物与民居的生态共生效益。

2）利用现场实测和 ENVI-met 分析软件相结合的方法，分析院落空间中植物对热舒适影响的变化规律，确定植物在院落空间的合理布局及种植规模。

结合地区民居发展现状，利用现场实测和 ENVI-met 分析软件相结合的方法，围绕院落空间植物的覆盖率、植物分布及植物类型选择的变化对院落空间温度、相对湿度及PMV的影响进行了详细的探讨与分析，确定了地区民居院落植物的最佳种植模式（相对建筑的位置、植物种植的规模、植物类型的选择等），以最大化植物在宅院空间的生态效益。

3）利用SketchUp软件模拟分析院落垂直要素对日照的影响，确定院落中低矮植物的分布规律及类型选择。

低矮植物在民居环境中的科学种植，其实就是建筑自身对日照的遮挡，使建筑周边的环境日照时间有所区别。根据日照时数的变化可以种植不同种类的植物，这样比单一的日照区域有更多类型植物种植的机会，如阴性植物和耐阴植物。因此，本研究采用SketchUp软件对已建好的建筑模型进行日照遮挡分析，得出夏至日和冬至日一天连续光照时间的分析结果，明确不同日照的区域，得出以建筑为固定坐标的低矮植物种植的控制指标，即相对建筑的方位和种植区域边界与建筑的间距，从而得出研究区民居建筑周边低矮植物的种植指南和植物种类的选择。

在本研究中，以黄土高原典型的民居建筑形式为研究对象，对院落内人工干预能力较弱的日照进行科学模拟分析，目的是确定地区民居院落日照遮挡的规律，以更好地确定低矮植物的最佳种植区域，提高植物的成活率，尽最大可能满足植物的生长习性，以增加其多样性，使植物与民居的生态共生效益最大化。

（3）以模拟分析的结果为依据，研究黄土高原植物与民居的生态共生模式，基于院落环境中植物优化布局模式及构建的满足植物与民居生态共生需求的协同营造体系，提出黄土高原"植物—民居"协同营造方法。

依据模拟分析得出的结论及控制指标，结合地区经济水平、气候、风俗习惯、文化等影响因素，以及国内外相关研究成果，探讨了黄土高原"植物—民居"可能存在的生态共生模式及共生模式存在的前提条件。在生态共生模式的基础上，继续深入探讨针对黄土高原地区民居的现状，植物该如何营造以及营造的控制指标；面对地区民居发展的趋势，将模拟结论作为理论框架，构建适应地区民居发展趋势的"植物—民居"协同营造体系，并结合地区民居的发展趋势，提出了黄土高原"植物—民居"协同营造方法，为已建成民居院落、正在统一规划的村落以及相关研究提供参考。

参考文献

［1］丁国胜，彭科，王伟强等. 中国乡村建设的类型学考察——基于乡村建设者的视角［J］. 城市发展研究，2016，23（10）：60-66.

［2］陆元鼎. 中国民居研究现状［J］. 南方建筑，1997（01）：28-30.

［3］Tilman D. Causes, consequences and ethics of biodiversity［J］. Nature, 2000, 405（6783）: 208-211.

［4］Bigirimana J, Bogaert J, Cannière C D, et al. Domestic garden plant diversity in Bujumbura, Burundi: role of the socio-economical status of the neighborhood and alien species invasion risk［J］. Landscape & Urban Planning, 2012, 107（2）: 118-126.

［5］Galhena D H, Freed R, Maredia K M. Home gardens: a promising approach to enhance household food security and wellbeing［J］. Agriculture & Food Security, 2013, 2（1）: 1-13.

［6］Loram A, Warren P, Thompson K, et al. Urban domestic gardens: the effects of human interventions on garden composition［J］. Environmental Management, 2011, 48（4）: 808-824.

［7］Mekonnen E L, Asfaw Z, Zewudie S. Plant species diversity of homegarden agroforestry in Jabithenan District, North-Western Ethiopia［J］. International Journal of Biodiversity and Conservation, 2014, 6（4）: 301-307.

［8］Smith R M, Thompson K, Warren P H, et al. Urban domestic gardens（XⅢ）: composition of the bryophyte and lichen floras, and determinants of species richness［J］. Biological conservation, 2010, 143（4）: 873-882.

［9］李峥嵘，罗明刚，艾正涛等. 植被对建筑遮阳降温效果综述［J］. 建筑节能，2011，39（11）：47-50.

［10］Barrio E P D. Analysis of the green roofs cooling potential in buildings［J］. Energy & Buildings, 1998, 27（2）: 179-193.

［11］Kumar R, Kaushik S C. Performance evaluation of green roof and shading for thermal protection of buildings［J］. Building & environment, 2005, 40（11）: 1505-1511.

［12］冯雅，陈启高. 种植屋面热过程的研究［J］. 太阳能学报，1999，20（3）：311-315.

［13］白雪莲，冯雅，刘才丰. 生态型节能屋面的研究（之一）——种植屋面热湿迁移的数值分析［J］. 四川建筑科学研究，2001，27（2）：62-64.

［14］白雪莲，冯雅，刘才丰. 生态型节能屋面的研究（之二）——种植屋面实测结果与数值模拟的对比分析［J］. 四川建筑科学研究，2001，27（3）：60-62.

［15］Niachou A, Papakonstantinou K, Santamouris M, et al. Analysis of the green roof thermal properties and investigation of its energy performance［J］. Energy & Buildings, 2001，33（7）: 719-729.

［16］Wong N H, Cheong D K W, Yan H, et al. The effects of rooftop garden on energy consumption of a commercial building in Singapore［J］. Energy & Buildings, 2003，35（4）: 353-364.

［17］Santamouris M, Pavlou C, Doukas P, et al. investigating and analysing the energy and environmental performance of an experimental green roof system installed in a nursery school building in Athens, Greece［J］. Energy, 2007，32（9）: 1781-1788.

［18］Wong N H, Tan A Y K, Tan P Y, et al. Energy simulation of vertical greenery systems［J］. Energy & Buildings, 2009，41（12）: 1401-1408.

［19］陈宏. 通过建筑外壁绿化改善城市热环境的研究［J］. 新建筑，2002（2）: 79-80.

［20］赵菊，马秀力，肖勇全. 绿化建筑室内热环境的 CFD 模拟［J］. 流体机械，2007，35（6）: 75-79.

［21］刘凌，刘加平. 建筑垂直绿化生态效应研究［J］. 建筑科学，2009，25（10）: 81-84.

［22］唐鸣放，杨真静，郑开丽. 屋顶绿化隔热等效热阻［J］. 重庆大学学报，2007，30（5）: 1-3.

［23］孟庆林，张玉，张磊. 热气候风洞内测定种植屋面当量热阻［J］. 暖通空调，2006，36（10）: 111-113.

［24］李娟. 垂直面绿化植物遮阳系数与叶面积指数研究［J］. 城市环境与城市生态，2001（5）: 4-5.

［25］李娟. 垂直面绿化植物叶片遮阳系数的确定［J］. 重庆环境科学，2001，23（4）: 10-11.

［26］Kenneth Ip*, Marta Lam, Andrew Miller. Shading performance of a vertical deciduous climbing plant canopy［J］. Building & environment, 2010，45（1）: 81-88.

［27］De Abreu-Harbich L V, Labaki L C, Matzarakis A. Effect of tree planting design and tree species on human thermal comfort in the tropics［J］. Landscape and Urban Planning, 2015，138: 99-109.

［28］Lun I, Mochida A, Ooka R. Progress in numerical modelling for urban thermal environment studies［J］. Advances in Building Energy Research, 2009，3（1）: 147-188.

［29］Pandit R, Laband D N. A hedonic analysis of the impact of tree shade on summertime residential energy consumption［J］. Journal of Arboriculture, 2010，36（2）: 73.

［30］Akbari H, Taha H. The impact of trees and white surfaces on residential heating and cooling energy use in four Canadian cities［J］. Energy, 1992，17（2）: 141-149.

［31］Simpson J R, Mcpherson E G. Potential of tree shade for reducing residential energy use in California［J］. Journal of Arboriculture, 1996，22: 10-18.

［32］Donovan G H, Butry D T. The value of shade: Estimating the effect of urban trees on summertime electricity use［J］. Energy & Buildings, 2009，41（6）: 662-668.

［33］Meier A K. Strategic landscaping and air-conditioning savings: a literature review［J］. Energy and Buildings, 1990，15（3-4）: 479-486.

［34］Nikoofard S, Ugursal V I, Beausoleil-Morrison I. Effect of external shading on household energy requirement for heating and cooling in Canada〔J〕. Energy & Buildings, 2011，43（7）: 1627-1635.

〔35〕Simpson J R. Urban forest impacts on regional cooling and heating energy use: Sacramento County case study〔J〕. Journal of arboriculture（USA）, 1998，24（4）: 201–214.

〔36〕Simpson J R. improved estimates of tree-shade effects on residential energy use〔J〕. Energy & Buildings, 2002，34（10）: 1067-1076.

〔37〕Heisler G M. Effects of individual trees on the solar radiation climate of small buildings〔J〕. Urban Ecology, 1986，9（3-4）: 337-359.

〔38〕Pandit R, Laband D N. Energy savings from tree shade〔J〕. Ecological Economics, 2010，69（6）: 1324-1329.

〔39〕Donovan G H, Butry D T. The value of shade: Estimating the effect of urban trees on summertime electricity use〔J〕. Energy and Buildings, 2009，41（6）: 662-668.

〔40〕菅文娜，雷振东. 黄土高原民居遮阴树种植形式和位置的模拟分析〔J〕. 中国园林, 2018，34（4）: 83-88.

〔41〕王磊. 柯布西耶建筑中植物应用的三种模式〔J〕. 中国水运月刊, 2010，10（5）: 202-204.

〔42〕杨维菊. 绿色建筑设计与技术〔M〕. 南京: 东南大学出版社, 2011.

〔43〕Wong N H, Tan A Y K, Tan P Y, et al. Acoustics evaluation of vertical greenery systems for building walls〔J〕. Building & Environment, 2010，45（2）: 411-420.

〔44〕Takakura T, Kitade S, Goto E. Cooling effect of greenery cover over a building〔J〕. Energy & Buildings, 2000，31（1）: 1-6.

〔45〕Onmura S, Matsumoto M, Hokoi S. Study on evaporative cooling effect of roof lawn gardens〔J〕. Energy & Buildings, 2001，33（7）: 653-666.

〔46〕Lazzarin R M, Castellotti F, Busato F. Experimental measurements and numerical modelling of a green roof〔J〕. Energy & Buildings, 2005，37（12）: 1260-1267.

〔47〕Castleton H F, Stovin V, Beck S B M, et al. Green roofs; building energy savings and the potential for retrofit〔J〕. Energy & Buildings, 2010，42（10）: 1582-1591.

〔48〕李鹏宇，郭逸凡，李毅. 现代墙面绿化技术存在的问题及对策〔J〕. 浙江农业科学, 2014（04）: 519-523.

〔49〕Patrick B, Lalot V, et al. The Vertical Garden: From Nature to the City〔M〕. 北京: 华文出版社, 2008.

〔50〕黄东光，刘春常，魏国锋等. 墙面绿化技术及其发展趋势——上海世博会的启发〔J〕. 中国园林, 2011，27（2）: 63-67.

〔51〕克里尚，刘加平，张继良等. 建筑节能设计手册: 气候与建筑〔M〕. 北京: 中国建筑工业出版社, 2005.

［52］刘汝婷. 生态型屋顶花园的研究与应用［D］. 长沙：湖南师范大学，2014.

［53］吴金顺. 屋顶绿化对建筑节能及城市生态环境影响的研究［D］. 邯郸：河北工程大学，2007.

［54］和晓艳. 屋顶绿化的相关技术研究［D］. 南京：南京林业大学，2013.

［55］施韬，Schumacher W. 植物根阻挡材料与绿色种植屋面［C］//"防水工程与材料"第九届防水技术专业委员会学术年会论文集，2015.

［56］牛原. 城市建筑屋顶绿化研究及在杭州市的实践探索［D］. 杭州：浙江大学，2007.

［57］秦俊，胡永红，王丽勉. 上海生态建筑屋顶绿化关键技术的研究［J］. 北方园艺，2006（5）：148-149.

［58］董智，张青萍. 上海世博绿地景观建设中空间绿化技术（节地技术）的运用研究［C］//中国风景园林学会. 和谐共荣——传统的继承与可持续发展：中国风景园林学会2010年会论文集（下册）. 北京：中国建筑工业出版社，2010.

［59］赵志刚. 西北地区城市屋顶花园建设的初步研究［D］. 西安：西北大学，2006.

［60］赵惠恩. 屋顶绿化技术与建筑节能应用：生态建筑的植被屋面［M］. 北京：中国建筑工业出版社，2009.

［61］刘维东. 成都市屋顶绿化植物的选择及其生态效益研究［D］. 成都：四川农业大学，2006.

［62］叶建军. 屋顶绿化的植物筛选及生态服务功能研究［D］. 广州：中山大学，2013.

［63］周媛，郭彩霞，董艳芳等. 9种景天属轻型屋顶绿化植物的耐热性研究［J］. 西北农林科技大学学报（自然科学版），2014，42（9）：119-127.

［64］张斌，胡永红，刘庆华. 几种屋顶绿化景天植物的耐旱性研究［J］. 中国农学通报，2008，24（5）：272-276.

［65］张杰，李海英. 上海地区轻型屋顶绿化景天属植物的耐湿热性研究［J］. 河南农业科学，2010（10）：104-107.

［66］张杰，胡永红，李海英等. 轻型屋顶绿化景天属植物的耐旱性研究［J］. 北方园艺，2007（1）：122-124.

［67］梁明霞. 华北地区植被屋面植物材料筛选的初步研究［D］. 北京：北京林业大学，2009.

［68］胡玉咏，刘露，刘一明等. 四种屋顶绿化候选植物的耐热性研究［J］. 上海交通大学学报（农业科学版），2009，27（3）：210-214.

［69］马进，汤庚国，郑钢. 5种屋顶绿化景天属植物耐热性的测定［J］. 林业科技开发，2009，23（3）：36-38.

［70］何为，秦华，黎莎. 屋顶绿化的植物资源及其营建技术［J］. 南方农业：园林花卉版，2010，4（1）：60-62.

［71］李瑞兰，李海英. 浅析坡屋面绿化种植形式［C］//国际绿色建筑与建筑节能大会，2011.

［72］焦会玲，刘秀艳. 屋顶绿化植物的栽培管理技术［J］. 河北林业科技，2005（4）：112-113.

［73］马燕，白淑媛，梁芳等. 北京城市屋顶绿化佛甲草养护管理技术［J］. 草业科学，2009，26

（7）：158-164.

［74］魏艳. 北京地区植被屋面植物适应性初步研究及繁殖［D］. 北京：北京林业大学，2007.

［75］黄瑞，董靓. 屋顶绿色种植设计研究［C］//全国建筑环境与建筑节能学术会议，2007.

［76］刘加平. 建筑创作中的节能设计［M］. 北京：中国建筑工业出版社，2009.

［77］李峥嵘，赵群，展磊. 建筑遮阳与节能［M］. 北京：中国建筑工业出版社，2009.

［78］杨柳. 建筑气候学［M］. 北京：中国建筑工业出版社，2010.

［79］康永祥. 黄土高原辽东栎林群落生态研究［D］. 杨凌：西北农林科技大学，2012.

［80］中国科学院黄土高原综合科学考察队. 黄土高原地区植被资源及其合理利用［M］. 北京：中国科学技术出版社，1991.

［81］张厚华，黄占斌. 黄土高原生物气候分区与该区生态系统的恢复［J］. 干旱区资源与环境，2001，15（1）：64-71.

［82］程积民，朱仁斌. 中国黄土高原常见植物图鉴［M］. 北京：科学出版社，2012.

［83］王国玉，白伟岚，梁尧钦. 我国城镇园林绿化树种区划研究新探［J］. 中国园林，2012，28（2）：5-10.

［84］董世魁，崔保山，刘世梁等. 云南省公路路域绿化护坡植物的生态区划与选择［J］. 环境科学学报，2006，26（6）：1038-1046.

［85］李杨汉. 植物学［M］. 北京：高等教育出版社，1958.

［86］菅文娜，雷振东. 黄土高原民居绿化植物区划及应用频度分析［J］. 中国园林，2016，32（07）：111-114.

［87］Bigirimana J, Bogaert J, De Cannière C, et al. Domestic garden plant diversity in Bujumbura, Burundi：Role of the socio-economical status of the neighborhood and alien species invasion risk［J］. Landscape and Urban Planning, 2012, 107（2）：118-126.

［88］Galhena D H, Freed R, Maredia K M. Home gardens：a promising approach to enhance household food security and wellbeing［J］. Agriculture & Food Security, 2013, 2（1）：8.

［89］Richardm S, Ken T, Philiph W, et al. Urban domestic gardens （XⅢ）：Composition of the bryophyte and lichen floras, and determinants of species richness［J］. Biological Conservation, 2010, 143（4）：873-882.

［90］Ewuketu L M , Zebene A , Solomon Z . Plant species diversity of homegarden agroforestry in Jabithenan District, North-Western Ethiopia［J］. The international Journal of Biodiversity Science and Management, 2014, 6（4）：301-307.

［91］宇振荣，张茜，肖禾等. 我国农业/农村生态景观管护对策探讨［J］. 中国生态农业学报，2012，20（7）：813-818.

［92］祁力言，李冬林，马东跃等. 无锡新农村庭院绿化模式及结构布局研究［J］. 江苏林业科技，2008，35（1）：21-24.

［93］虞志淳. 陕西关中农村新民居模式研究［D］. 西安：西安建筑科技大学，2009.

［94］刘伟. 农村宅基地利用状况案例研究［J］. 华北国土资源，2016（4）：126-128.

［95］李里. 关中民居的现代适应性转型研究［D］. 西安：西安建筑科技大学，2007.

［96］骆中钊，王学军，周彦. 新农村住宅设计与营造［M］. 北京：中国林业出版社，2008.

［97］郦大方，赵雅静，李林梅. 黄山店村宅院聚集区空间形态研究［J］. 建筑与文化，2015（10）：102-104.

［98］徐大成. 村镇农宅院落的布置及基础设施的规划建设［J］. 黑龙江科学，2016（05）：150-151.

［99］李良涛. 农田边界和居民庭院植物多样性分布格局及植被营建［D］. 北京：中国农业大学，2014.

［100］陈有民. 园林树木学［M］. 北京：中国林业出版社，2011.

［101］姜丽丽，蔡平，刘振等. 苏州古典园林植物景观的风水分析［J］. 农业科技与信息（现代园林），2011（5）：24-26.

［102］叶萍，王柳云. 乡村文化与乡村旅游可持续发展——新农村建设中发展乡村旅游的探讨［J］. 农村经济与科技，2006，17（11）：85-86.

［103］王颖. 改革开放以来社会变迁对农村的影响［J］. 同行，2016（10）：287.

［104］菅文娜，雷振东. 地域特征约束下的黄土高原民居院落种植习惯研究——以西安南豆角村为例［J］. 西安建筑科技大学学报（自然科学版），2016（06）：901-907.

［105］肖敏. 新农村住宅设计与规划对策初探——以武汉市挖沟村为例［D］. 西安：西安建筑科技大学，2008.

［106］楼春雨，唐晓菲. 创造宜人的寒地户外交往空间［J］. 低温建筑技术，2005（5）：15-16.

［107］（丹麦）扬·盖尔. 交往与空间［M］. 北京：中国建筑工业出版社，2002.

［108］张少伟. 快速城镇化背景下中原地区新型农村村落空间模式研究［D］. 西安：西安建筑科技大学，2013.

［109］韩明. 生活方式导向下的关中乡村宅院空间优化研究［D］. 西安：西安建筑科技大学，2017.

［110］（美）诺曼·K·布思，詹姆斯·E·希斯. 独立式住宅环境景观设计［M］. 彭晓烈译. 沈阳：辽宁科学技术出版社，2003.

［111］ Robitu M, Musy M, inard C, et al. Modeling the influence of vegetation and water pond on urban microclimate［J］. Solar Energy, 2006, 80（4）: 435-447.

［112］ Lai D, Guo D, Hou Y, et al. Studies of outdoor thermal comfort in northern China［J］. Building and Environment, 2014, 77: 110-118.

［113］ Ali-Toudert F, Mayer H. Numerical study on the effects of aspect ratio and orientation of an urban street canyon on outdoor thermal comfort in hot and dry climate［J］. Building and Environment, 2006, 41（2）: 94-108.

［114］ Ghaffarianhoseini A, Berardi U, Ghaffarianhoseini A. Thermal performance characteristics of unshaded courtyards in hot and humid climates ［J］. Building and Environment, 2015, 87: 154-168.

［115］ Makaremi N, Salleh E, Jaafar M Z, et al. Thermal comfort conditions of shaded outdoor spaces in hot and humid climate of Malaysia ［J］. Building and Environment, 2012, 48: 7-14.

［116］ Yahia M W, Johansson E. Landscape interventions in improving thermal comfort in the hot dry city of Damascus, Syria—The example of residential spaces with detached buildings ［J］. Landscape and Urban Planning, 2014, 125: 1-16.

［117］林波荣，朱颖心，李晓锋. 不同绿化对室外热环境影响的数值模拟研究 ［C］//第九届全国建筑物理学术会议. 2004.

［118］李红莲. 建筑能耗模拟用典型气象年研究 ［D］. 西安：西安建筑科技大学，2016.

［119］薛思寒. 基于气候适应性的岭南庭园空间要素布局模式研究 ［D］. 广州：华南理工大学，2016.

［120］ Shahidan M F, Jones P J, Gwilliam J, et al. An evaluation of outdoor and building environment cooling achieved through combination modification of trees with ground materials ［J］. Building and Environment, 2012, 58: 245-257.

［121］ Srivanit M, Hokao K. Evaluating the cooling effects of greening for improving the outdoor thermal environment at an institutional campus in the summer ［J］. Building and Environment, 2013, 66: 158-172.

［122］ Johansson E. Influence of urban geometry on outdoor thermal comfort in a hot dry climate: A study in Fez, Morocco ［J］. Building and Environment, 2006, 41 (10): 1326-1338.

［123］ Taleghani M, Sailor D J, Tenpierik M, et al. Thermal assessment of heat mitigation strategies: The case of Portland State University, Oregon, USA ［J］. Building and Environment, 2014, 73: 138-150.

［124］ López-Cabeza V P, Galán-Marín C, Rivera-Gómez C, et al. Courtyard microclimate ENVI-met outputs deviation from the experimental data ［J］. Building and Environment, 2018, 144: 129-141.

［125］菅文娜，武艳文，雷振东. 黄土高原民居宅院种植需求和形式分析 ［J］. 中国园林，2019，35 (1): 17-22.

［126］林培源. 论建筑遮阳节能技术 ［J］. 建材与装饰 (中旬刊)，2008 (3): 202-203.

［127］ Simpson J R. Improved estimates of tree-shade effects on residential energy use ［J］. Energy and Buildings, 2002，34 (10): 1067-1076.

［128］ Hwang W H, Wiseman P E, Thomas V A. Tree planting configuration influences shade on residential structures in four US cities ［J］. Arboriculture & Urban Forestry, 2015，41 (4): 208-222.

［129］ Mcpherson E G, Dougherty E. Selecting trees for shade in the Southwest ［J］. Journal of

Arboriculture, 1989, 15（2）：35-43.

［130］ Simpson J R, Mcpherson E G. Simulation of tree shade impacts on residential energy use for space conditioning in Sacramento［J］. Atmospheric environment, 1998, 32（1）：69-74.

［131］ Nikoofard S, Ugursal V I, Beausoleil-Morrison I. Effect of external shading on household energy requirement for heating and cooling in Canada［J］. Energy and Buildings, 2011, 43（7）：1627-1635.

［132］刘旭，张翠丽，迟春明. 园林生态学实验与实践［M］. 成都：西南交通大学出版社，2015.

［133］陈耀华. 关于行道树遮阴效果的研究［J］. 园艺学报，1988，15（2）：135-138.

［134］徐慧华. 独栋别墅环境景观设计研究［D］. 上海：上海交通大学，2010.

［135］冷平生. 园林生态学［M］. 北京：中国农业出版社，2003.

［136］张琳琳，赵晓英，原慧. 风对植物的作用及植物适应对策研究进展［J］. 地球科学进展，2013，28（12）：1349-1353.

［137］ Ezer D, Wigge P A. Plant Physiology：Out in the Midday Sun, Plants Keep Their Cool［J］. Current Biology, 2017, 27（1）：R28-R30.

［138］鲁雄飞. 城市主干道初期雨水污染特征研究［D］. 成都：西南交通大学，2013.

［139］陈星民. 浅谈屋面虹吸式雨水排水系统的设计施工及效益［J］. 门窗，2012（11）：183-184.

［140］赵艳. 干旱半干旱区雨水收集利用［J］. 甘肃水利水电技术，2017（11）：12-14.

［141］ Zhu K, Zhang L, Hart W, et al. Quality issues in harvested rainwater in arid and semi-arid Loess Plateau of northern China［J］. Journal of Arid Environments, 2004, 57（4）：487-505.

［142］张永合. 城镇雨水收集和净化利用研究［J］. 环境与发展，2018，30（9）：243-245.

［143］吕晶，蓝桃彪，黄佳. 国内传统村落空间形态研究综述［J］. 广西城镇建设，2012（4）：71-73.

［144］张东. 中原地区传统村落空间形态研究［D］. 广州：华南理工大学，2015.

［145］张文静. 韩城古城传统民居院落空间尺度的保护与延续研究［D］. 西安：西安建筑科技大学，2015.

［146］武艳文，菅文娜. 黄土高原"植物－民居"生态共生模式研究——以半湿润区为例［J］. 建筑与文化，2017（10）：229-231.

［147］陈景衡，于洋，刘加平. 两分半宅基地"方院"关中民居营建试验——大石头村［J］. 建筑与文化，2014（7）：46-50.

［148］ Besir A B, Cuce E. Green roofs and facades：A comprehensive review［J］. Renewable & Sustainable Energy Reviews, 2018, 82（1）：915-939.

［149］ Manso M, Castro-Gomes J. Green wall systems：A review of their characteristics［J］. Renewable & Sustainable Energy Reviews, 2015, 41：863-871.

［150］ Medl A, Stangl R, Florineth F, et al. Vertical greening systems—A review on recent technologies and research advancement〔J〕. Building & Environment, 2017, 125：227-239.

〔151〕 Shafique M, Rafiq M. Green roof benefits, opportunities and challenges—A review〔J〕. Renewable & Sustainable Energy Reviews, 2018, 90（6）：757-773.

〔152〕宫永伟，杨一帆，李俊奇等. 屋顶绿化的效益及成本分析〔J〕. 环境与可持续发展，2015，40（3）：133-137.

〔153〕李效光，马捷. 草砖的研究与应用综述〔J〕. 建材发展导向，2006（3）：57-60.

〔154〕张帆. 草砖建筑研究〔J〕. 建筑技术，2006（8）：624-626.

〔155〕范洪伟，李海英. 藤蔓植物与墙体绿化的结合技术〔J〕. 建筑科学，2011，27（10）：19-24.

〔156〕Givoni B. Man, climate and architecture〔M〕. London：Applied Science Publishers, 1976.

〔157〕范学翠，李德林. 浅析高速公路景观绿化及作用〔J〕. 现代园艺，2013（11）：65-67.

〔158〕冯羽. 西安大都市生态绿地中乡村转型的规划策略研究〔D〕. 西安：西安建筑科技大学，2015.

〔159〕陶阳. 关中新农村规划设计模式研究〔D〕. 西安：西安建筑科技大学，2010.

后 记

这段写作的时光转瞬即逝，每一次回首，都真切体会到其过程的辛苦，获取知识后的快乐。在这个过程中，自身的专业知识与写作能力都获得了大幅度的提升，然而又愈发感觉到自己还有太多的不足，深切体会到了"学无止境"的真正含义。

写作的顺利完成，要向以下各位表达最深的感谢，感谢他们在写作过程中给予我的鼓励、影响、启发和帮助。

感谢建筑学院雷振东教授的严格要求与悉心指导。雷教授踏实的工作作风、广博的学识修养、敏锐的学术洞察力和严谨的治学态度都给人以极大的影响。他教导我要在科研教学上一丝不苟，在学术研究上言传身教，并且一直鼓励、支持我在学业上不断追求更高的目标。在研究过程中，他屡次强调思想要清晰，思维要连贯。师恩浩荡，感激之情已远非言语所能够表达。

感谢建筑学院风景园林系刘晖教授与董芦笛教授，在我写作方向给予的积极建议，以及一直以来的关心和帮助。他们也是我入职以来的领导，对我的科研工作给予了很多关怀和照顾，在此对他们表示感谢。

还要特别感谢张沛教授，在我研究的困惑时期，他有针对性的建议帮助了我。感谢李志民教授在写作过程中给予的中肯意见和建议，感谢岳邦瑞教授、于洋教授、陈景衡教授的悉心指导与热情帮助，每次聆听后，获得的不仅是知识的增补、方法的提高，更是求学路上的心灵顿悟。

我的写作也离不开各界人士的关心与帮助。衷心感谢调研地热情的乡亲们给予我调研及测试的各种帮助与支持。感谢翟永超教授，顶着烈日指导我对典型院落进行实地调研与测试。感谢武艳文老师在计算机模拟环节的帮助，使得研究核心部分的模拟程序才能正常使用并完成了大量模拟工作。没有这些热心人士及同事的帮助，本研究的调研及模拟将无法完成。

感谢亲人及朋友多年来的大力支持和关爱，正是他们的支持才使我在受到挫折时一次次重拾信心。感谢团队及博士同门的每一位成员在我研究陷入困境时的倾听与鼓励。感谢家人在我写作过程中的大力支持和关怀，才使我写作最终顺利完成。